学会强势

连山 著

天津出版传媒集团

天津科学技术出版社

图书在版编目（CIP）数据

学会强势 / 连山著. -- 天津：天津科学技术出版社，2024.4（2024.8 重印）
ISBN 978-7-5742-1906-9

Ⅰ.①学… Ⅱ.①连… Ⅲ.①心理学 – 通俗读物 Ⅳ.① B84-49

中国国家版本馆 CIP 数据核字（2024）第 063999 号

学会强势
XUEHUI QIANGSHI

策划编辑：	杨　譞
责任编辑：	杨　譞
责任印制：	刘　彤
出　　版：	天津出版传媒集团 天津科学技术出版社
地　　址：	天津市西康路 35 号
邮　　编：	300051
电　　话：	（022）23332490
网　　址：	www.tjkjcbs.com.cn
发　　行：	新华书店经销
印　　刷：	德富泰（唐山）印务有限公司

开本 880×1230　1/32　印张 7.25　字数 170 000
2024 年 8 月第 1 版第 2 次印刷
定价 39.80 元

前言 PREFACE

世界上有两种截然不同的人。一种人缺乏自信，总是被环境所支配，也会被他人的评价所影响，经不起外界哪怕最微弱的质疑，不敢做真实的自己，总是活在别人的阴影里。这种人内心非常弱小，无法承受一点委屈，当被人误解和冤枉时，就会感觉心里很受伤。他们往往会逐渐成为一个被支配者，一个不被重视和尊重的边缘人，一个失败者。另一种人恰恰相反，他们意志坚定，行为果断，敢于坚持自己内心的想法，胜不骄败不馁，更不轻易为别人所动。这就是强势的人，外界很难影响和改变他们的意志。强势的人往往或早或迟会获得他人重视和尊敬，成为人群中的佼佼者、领导者。

我们每个人都希望自己成为强势的人，在工作、恋爱和人际交往中掌控主导权。那么怎样才能学会强势呢？其实强势既不是性格上的咄咄逼人，也不等于霸道无理地发脾气，而是遇到问题时能够执着地坚持自己的想法，不被对方的思路操控，同时通过语言来解决问题的能力。而弱势的人之所以弱势，就是因为不能按照自己的想法做事情，他们的思想和行为没有掌控在自己手里，而是被别人掌控，失去了对自己的主导权。学会强势就是要懂得坚决捍卫自己的底线和利益，不要轻易对他人妥协和忍让；学会强势就是当别人向你提出不合理或者让你很为难的请求时，懂得果断拒绝，不怕不好意思或对方不高兴；学会强势就是凡事要有自己的见解并敢于否定他人，不被他人所动摇或一味地随声附和；学会强势就是乐于与人交往，但不刻意讨好；学会强势就是懂得坚持自己的行为、想法和情感，并对产生的一切后果负责……

你是否还在被上级的命令"控制"；被父母的干涉"左右"；在朋友的不合理请求面前"委曲求全"；与陌生人打交道时因为不好意思"吃哑巴亏"？……人生太多被动的时刻，让你感到进退两难、紧张不安、害怕、内疚……这些压力大多因为你不够强势！本书就教给大家如何能按照自己内心的意愿行事，不受他人的掌控，让你做回自己，获得交往中的主导权。书中通过一系列的方法和练习，教会你强势法则，建立起一整套强势的心理模式和话语模式，快速掌握强势的奥秘，在人际交往中摆脱脆弱、被动的弱势心理局面，让你一步一步实现你的强势。这是一本真正能改变你一生的书！

目录 CONTENTS

第一章
想要支配他，先得看穿他
—— 瞬间读懂他人的微表情阅人法

脸色变化暗示内心波动　002
眼神会更多地暴露对方情绪　003
面无表情也是值得玩味的　004
鼻子发出了怎样的信号　005
根据人的左右取向选择说服方式　007

第二章
一见面就让对方折服
—— 初识就取得优势的心理策略

见面时一定要主动打招呼　010
握手占优势的技巧　012

控制空间就等于影响人心　013
时刻记住，抢占时间就是抢占人心　015
"时间被占用"的反击方法　017
把对方引入你的"领地"　019
不妨放一个"烟幕弹"　021

···第三章 3
快速与他人成为"熟人"
——深化关系的潜意识影响法则

结识到熟识：不只是一步之遥　026
善用"近因效应"，让对方将不快改为好印象　032
就他人最在行的事情提问　036
牢记你能记住的每个名字　039
用热情走进他人心中　043
努力记住他人的嗜好　048
不是多余的赞美：你不可不知的技巧　052

第四章
先找到对方的弱点，再有的放矢
—— 一击即中的精准攻心技法

说话时指手画脚的人好胜心强　058
双臂交叉抱于胸前者防卫心重　059
眼珠转动频繁的人一般性急易怒　061
开场白太长的人缺乏自信　063
主动当介绍人的人喜欢自我表现　065
沉默寡言的人往往深藏不露　066
看透虚荣者的浮华面具　070

第五章
成功让别人听你的话
—— 一开口就让人服的深度说服力

你是自己人：信任感是劝说的第一步　074
运用他人最熟悉的语言　079
抛出实在利益，没有人能够拒绝你　084
从他人最感兴趣的事着手　088
用对方的观点说服他最有效　091
多数派容易形成压力　094
利用权威人士帮你说话　099

第六章

他的身体"说"出了真话
—— 如何第一时间识别对方的谎言

面部表情会泄露说谎人的内心秘密	104
即使脸上藏得住,身体却不说谎	106
从身体姿势看穿谎言与大话	109
窥破他眼底深藏的真话	111
从言辞看穿他的谎言	113
自相矛盾的话八成是谎言	116
"听我解释"可能是在说谎	119

第七章

让他人心甘情愿帮助你
—— 让人无法拒绝的请求艺术

即使你是天才也需他人相助	122
向对方表示钦佩	125
先让别人认可你,他会主动伸出援手	127
为帮助你的人描绘一幅美好前景	130
将心比心的求助方法	132

第八章
把对手变成"自己人"
—— 谈笑间化解冲突的非暴力沟通

建立私人之间的信任 136
让自己表现得笨拙一些 138
谈判对阵前,先聊些温馨的话题 141
邀请"共餐",敞开心扉 144
和谈判对手的"熟人"搞好关系 146
稍有失态,就"付之一笑" 148

第九章
挑动他的自尊心和逆反心理
—— 利用愤怒情绪激发他

用好情绪化,你离成功就不远了 152
因人而异,施用不同激将法 158
手法隐蔽,激将的最大关键点 161
抓住时机,愤怒者最容易被激将 165

第十章
做谈判中的"主持"者
—— 如何率先掌控对话主动权

谈判无情，但需要和谐的氛围　　170

语言中不要有"被动形式"　　175

通过"问题攻势"来占据上风　　177

避而不答，转换话题　　180

通过"表情和姿势"控制对话　　183

让对手感觉到你的"气势"　　185

"极力宣扬"反而会让人心生疑虑　　187

第十一章
不战而屈人之兵
—— 占据制高点让他屈服的博弈思维

害怕是藏在每个人心中的毒蛇　　192

先找理由，威慑也需要有凭据　　194

气势第一，关键时刻要壮胆　　197

震慑可以在赞美中带出　　201

借题发挥、虚张声势　　203

第十二章
在与异性交往中掌握主动
——两性交往中的心理技巧

利用"异性效应"   208

抓住说话线索,同陌生男人成为朋友   210

想让女人动情,千万别提"丑"字   212

倾听,男人了解女人的必修课   214

1

第一章
想要支配他，先得看穿他
—— 瞬间读懂他人的微表情阅人法

👁 脸色变化暗示内心波动

通过脸色也能观察出人心和性格。面对一个陌生人，你首先注意的是他的脸。对方还没有开口，但他的脸已经在进行自我介绍了。所以，要快速了解对方，最好就从观察他的脸开始。

汉语的词汇资源丰富，民间说法更是妙趣横生，单单一个"脸色"就可以有上百种不同的解读。在观察脸色变化对内心语言的暗示方面，文学家都是高手。我们来看看鲁迅先生在《孔乙己》中是如何解读孔乙己脸色变化的。

孔乙己一出场，鲁迅先生就说他"青白脸色，皱纹间时常夹些伤痕"。寥寥数语，活脱脱地刻画出一个穷愁潦倒的下层知识分子形象。孔乙己未能进学，又不会营生，还好喝懒做，他不可能有上流社会达官豪绅的"红光满面"，只能是"青白脸色"。

有人揭发孔乙己偷书时，"孔乙己便涨红了脸，额上的青筋条条绽出，争辩道：'窃书不能算偷……'"孔乙己本是"青白脸色"，但当有人肆意耍弄他，揭他短时，他就"涨红了脸"，竭力争辩，企图维护自己"读书人"的面子。

有人质问孔乙己"你怎么连半个秀才也捞不到呢"时，"他立刻显出颓唐不安的模样,脸上笼上了一层灰色"。这"灰色"恰如其分地表现了孔乙己因没考上秀才而被人家取笑戳到内心隐痛时那种失望、颓唐的悲凉心理。

孔乙己被丁举人打折了腿,用手"走"到酒店时,"他脸上黑而且瘦,已经不成样子"。这"黑而且瘦"的脸色,暗示了他是在受尽了折磨之后死里逃生,苟延残喘活下来的。当掌柜取笑他时,孔乙己只是低声应答掌柜的讪笑,露出"恳求"的脸色,显现出他横遭摧残后那种畏缩、害怕、绝望无告的心境。

孔乙己的脸色由"青白"而"红",再到"灰"而"黑瘦",是孔乙己性格的逻辑发展,这样一个变化,形象地刻画了孔乙己迂腐而又麻木的性格特征,孔乙己的悲剧形象也就深入人心了。同样,我们在日常生活中也能通过脸色来观察人心,了解他人的性格。因此,我们也不妨抓住他人"脸色"变化这个特殊细节,分析这人的内心世界。

👁 眼神会更多地暴露对方情绪

一个小小的眼神,里面却蕴含着大大的含义。

东汉末期,曹操派了一个刺客去刺杀刘备。刺客见到刘备后,没有立即下手,而是先和刘备"套近乎",讨论削弱曹军的策略。刺客的分析深得刘备的欢心。过了一会儿，刺客还没有下手，诸葛亮走了进来。这时刺客很心虚，借故上厕所。

刘备对诸葛亮说："依我之见，刚刚那位奇士，可以帮助我们攻打曹操。"诸葛亮却连连叹道："此人一见我，神色慌张、畏首畏尾，视线低而流露出忤逆之意，奸邪的形态完全暴露出来了，他必定是个刺客。"

于是，刘备赶紧派人追出去，但是那个刺客已跳墙而逃了。

诸葛亮能够识破那个刺客，最主要的原因还是刺客的眼神暴露了太多的秘密，那种闪烁不定的眼神，就算我们平常人看上一眼也会深刻地印在我们的头脑中。不知道有没有人向你投来过不屑的目光，那些不太友好的人会轻轻地斜视你，你一旦察觉就永远忘不掉。

当然，要做到像诸葛亮那样，瞬息间通过对方的眼神变化看出他的内心，实属不易，既需要有点天赋，也依赖后天的训练和揣摩。

◉ 面无表情也是值得玩味的

面无表情并不等于没有感情，面无表情下的感情往往是压抑的，难以捉摸的。

生活中有个别人不管看到什么、听到什么，都不露声色，这副没有表情的面孔几乎没有任何动作。无表情的面孔最令人窒息，它将一切感情隐藏起来，叫人不可捉摸，它往往比露骨的愤怒或厌恶更深刻地传达出拒绝的信息。

无表情绝不等于无感情。无表情的很多时候都和说谎的表情一样，都是在极力压抑情感。因此，面无表情时可以看到同说谎时表情类似的内心痕迹。随着心情的变化，脸部肌肉不变化，必然呈现出不自然的表情，例如会眨眼、皱鼻子、脸部抽动等。这些都表现出了内心的不满和自卑感。

同样的无表情，有时还展现出极端的不关心和忽视。也许这背后正藏着一种有意地回避，那就是怀有好意或爱情的表现，尤其是在女孩子中较为多见。由于羞于对自己爱慕的对象表现得过于露骨，也不想让第三者知道，这就使她进入了左右为难的状态。如果自己喜欢的对象对自己露出这样毫不关心的表情，而非厌恶或戏谑，就说明他（她）心中在乎你，此时就可以继续向他（她）传递自己的心意。

👁 鼻子发出了怎样的信号

鼻子的动作微小到总会被人忽略，但这里也同样蕴含着丰富的信号。

鼻子的动作很微小，通常人们也不会去注意，因此让人难以捉摸。我们不妨多观察一下鼻子的动静，一定能从这里看出些端倪。

当鼻孔张大，也可以说是鼻子张起来时，它表示一个人的情绪高涨，这种情绪可以是愤怒的、恐惧的、兴奋的，也可能是紧张所致，要根据情况而定。两个针锋相对的人，常常呈现这种鼻翼扩张的行为，表示他们的愤怒、紧张感，他们的呼吸加快、心跳加速，所以鼻孔张大。鼻孔张大还是一种意图线索，一个人将要做某一件有挑战性的事情之前也会这样，比如将要登山时，要爬一段陡峭的山坡时，或是去敲陌生人的门时。

鼻头冒汗也是很容易被漏掉的细节。无疑，这是内心焦躁或紧张的表现。如果你注意到对手鼻头冒出了汗珠，你就该庆幸，他可能很急于达成协议，唯恐失去这个机会。

再来说说大家熟悉的"嗤之以鼻"，这也是一个有实际意义的动作，当发出"嗤"声之时，鼻子向上一提，这个动作轻微，不易被发觉，仿佛是在说"我瞧不起你"或者"有什么了不起的"。

比"嗤之以鼻"更进一步的就是"鼻孔朝天"。因为通过使劲耸起鼻子的动作，使得鼻孔对着他人，其视线必然是由上往下看，这有时是一种鄙视他人的表现。耸高鼻子，就出现了板起脸的表情，便意味着自我势力范围的扩大，是妄自尊大、傲慢等的表现，想要把对方的气焰压下去。"鼻孔朝天"一般是一种不高兴或拒绝的姿态。连婴儿也知道要别过脸去，以表示拒绝他不喜欢的食物，而且他们会尽量把头向后仰以致"鼻孔朝天"，似乎在逃避那种他们所讨厌的气味。

👁 根据人的左右取向选择说服方式

人的大脑左半部支配着人体右半身的活动，具有理解语言及进行抽象解读、逻辑推理、数字运算及分析功能；而大脑右半部支配着左半身的活动，是处理外界形象、空间概念及分辨几何图形、识别记忆音乐旋律和进行模仿的中枢。

一般来说，惯用左手的人比较能接受抽象概念，也形成我们在说服别人时的一个分析要点。

惯用左手的人，通常容易受到周边影像、声音、人物的影响，大脑注意力广而分散。而且他们的记忆力极佳，在听你说话的同时，他们已经在记忆中翻出各种相似的产品做比较，甚至能把你的话前后对照、相互印证，以确信你不是个前后矛盾的人。此类型的人比较不容易被说服。有研究指出，左撇子比较难被"催眠"，且能持续注意感兴趣的事物。

能让他们感兴趣的事，大多是感性或图形化的事物。所以，你可以营造出心灵相通或各种浪漫的情境，让他们的脑海中浮现具体图像，这样一来，他们会更有感觉。例如"我们今天能碰在一起就是有缘""你看过《美女与野兽》吗？这幢房子的构想就是取材自片中的厅堂""这份保单不只能给你保障,还能让家人体会你的爱"……这些语句能有效地唤起左撇子们感性的一面,增加他们对你的好感以及期待。

下面我们来分析惯用右手的情况,惯用右手的人比较理性也注重逻辑性,他们会专注于你所说的每一句话。

不过,由于左脑的运作方式是将看到或听到的信息、画面等,以"语言"方式记忆,所以相当花时间。他们必须凝视一件东西很久才能记住,因为他们要把看到的东西语言化。例如当他们看到一瓶香水时,是这么转换的:"这是个红色透明瓶子,装着有玫瑰花香的香水。"他们的记忆容量不大,而且还很容易忘记,所以有时候你会发现,使用左脑的人有严重的健忘症,使用右脑的人的记忆力好得像是一本"活字典"。所以,惯用右手的人为了快速反应眼前发生的事,会习惯以脑中的刻板印象来判断事物,常会产生先入为主的观念。

和此类型的人进行对谈时,要尽量引用数据或专家说法,例如"这件衣服是百分百纯棉""这商品有 3 年保质期,比其他厂家多两年""这份保单大约 5 年就可以回本""彼得·德鲁克曾经说过……我们相信未来的潮流必定是往这个方向走"……这些语句能使惯用左脑思考的人快速记忆,同时对你和你的产品印象深刻。

2

···第二章

一见面就让对方折服
—— 初识就取得优势的心理策略

👁 见面时一定要主动打招呼

主动打招呼，先下手为强。给对方一个充满朝气、热情大方的印象。

当我们散步街头或是乘地铁时，经常会碰到一些不太熟的人，这时我们往往会犹疑，"该不该打招呼呢"？

碰到这种情况时，你会想"我要是冒昧地上去打招呼，也许对方会觉得很稀奇，那多不好啊"，或是想"和他聊些什么呢"。犹疑的同时，你就会错过了打招呼的时机，又或许马上改变自己的路途，故意不打招呼就溜走了。

请大家记住，假如熟悉对方，一定要主动上去打招呼。有句话叫"人脉带来商机"，只有平常主动和他人应酬，热衷和他人交流，才能扩展你的人脉和商机。

当你碰到了熟悉的人，哪怕还相隔100米以上，也应该先点头致意。主动和对方打招呼，能抬高对方，这样做可以轻易让对方心情愉悦。但是，打招呼慢了的一方往往会有"糟了"，"我太失礼了"的心情，所以也不要太过于主动地去打招呼。

打招呼时，先下手为强。首先打招呼的人，就能牢牢把握住对话的主动权。不论对方地位多高、岁数多大，你主动向他们打招呼的话,都能在他们心理上加一定的压力,有可能使他们跟着你的节拍进行对话。

某项心理学实验证明,如果让一些人组成小组进行讨论,首先发言的人很自然地就会成为会议主席。从我们个人的阅历来看,这也是十分容易了解的。

当你远远看到熟悉的人来,假如觉得打招呼有点太早,就暂时先把头低下,然后渐渐抬起头,显露笑容,向对方走去。这时,对方已经被你的气势控制,你可以随意地选择话题或是控制对话的节拍。

擅长打招呼以及和他人应酬的人能轻易得到他人的青睐。由于这类人会笑眯眯地、大声地道"你好",这样的问候会让人精神为之一振,心情变得很愉快。就我们自身来讲,假如他人主动和我们打招呼,我们的自尊心就会马上得到满足。我们会觉得得到了他人的承认,会十分高兴。

在主动出击去打招呼时,切记要稍微做得夸张一点。这一点在一切的人际交往技巧中都适用,如果不稍微做得夸张一点的话,对方往往注意不到你的行为。既然你是主动打招呼,那就不要只是悄悄一低头,嘟嘟囔囔地道一声"你好",而应充分显示出自己的热情。

◉ 握手占优势的技巧

握手是正式场合人际交往的重要礼仪，即使是这样一个简单的动作，也能通过一定技巧，从而达到"制人"的效果。

握手，它是交际的一个部分。握手的力量、姿势与时间的长短往往能够表达出握手对对方的不同礼遇与态度，显露自己的个性，给人留下不同印象，也可通过握手了解对方的个性，从而赢得交际的主动。美国著名盲聋女作家海伦·凯勒曾写道：我接触的手有的能拒人千里之外，也有些人的手充满阳光，你会感到很温暖……事实也确实如此，因为握手是一种语言，是一种无声的动作语言。

一般说来，握手可以传达以下三种信息："我的力气（地位）比你更胜一筹""让我们以对等的关系相互协作吧""我服从你"。下面让我们依据这三种不同的信息，分别来介绍一下握手的技巧。

1. 让对方感觉到你的气势。想让对方听你的话，或是想传达"我是担任人"的信息时，握手时手掌应该向下，这样就显示了"你的地位比我低"的气势。此外，握手时间稍微长一点，也能让对方感觉到你的气势。因为这在无形中传达了"我已经控制了你"的信息。

2. 和对方树立对等的关系。假如想和对方树立对等的关系，应该用和对方相同的力气去握对方的手。假如对方伸过来的手十分有力气，那你就应该同样有力地去握手。假如对方只是稍稍一握，那你就同样稍稍地握对方的手。这样就传达了"我和你相互配合"的意思。

此外，握手时手应该尽可能平着伸出去。假如自上而下伸出去的话，就成了气势型握手，从下而上像讨物品一样伸出去的话，就成了服从型的握手。

3. 表示你服从对方。假如对方的势力及地位比你高很多，为了迎合对方，在战术上应该表现自己弱的一面。在这种情况下，应该采用服从型的握手方式。

想传达"我愿意服从你"的信息时，应该让手掌朝上，像讨物品那样把手伸出去，这和气势型握手正好相反。假如对方伸出来的手十分有力气，你就要稍微减轻一下力气。当然不能脆弱无力，但应该向对方传达出你已经做好了抽手的预备。

👁 控制空间就等于影响人心

空间的占有是最直接的一种存在感的体现，一个存在感强烈的个体不会被人忽视、怠慢，只会被人重视、尊敬。

一个人的地位越高，可以占有的空间就越宽广。无论是高级轿车，还是官邸、办公室等。

另一方面，地位低的人拥有的空间十分有限。很多人挤在一个办公室里，只能和大家共享一个空间。也就是说，是否能拥有足够的空间正是地位高不高的一个标志。

在商业谈判中，能不能占到优势和能不能控制对方的空间紧密相连。假如能控制更多的空间，就能得到更多的利益。

比如，你在和对方面对面坐着交谈时，假如想摆出强硬有力的姿态，就应该不露痕迹地把自己的咖啡杯和记事本往前放，这样可以侵犯到对方的空间。把自己的笔和材料等物品"咚"的一声放到桌子上叫作"做标志"表示"这里是我的空间"。

在桌子上争取到足够多的空间，仅仅这一点就能给对方施加无形的压力。经常有这种状况，在商业谈判中，虽然开端时大家都是对等的，但是谈判完毕时，占桌子空间更多的一方往往能得到有利的结果。因此，依据占据空间的多少甚至可以猜测出谈判的结果。

假如对方用咖啡杯和其他物品占据了你的空间，你该怎样办呢？当然，你不能听任不管。为了表示你不答应对方侵犯你的空间，你应该不露声色地还击，去占据对方的空间。你可以道一句"有一份材料想请您看看"，这样就很自然地把对方的物品从桌子上拿开，并且还能起到还击的作用，即利用你的材料去占据对方的空间。因此你应该随身携带一些无关紧要的材料，在对方侵占了你的空间时，作为还击的武器派上用场。

控制空间可以影响在空间中人物的心理。请尽量多占据一些对方的空间,这是一个能让你在商业谈判中取胜的战术。

在与人交谈时或在谈判中过于紧张的人,应该事前把用得很顺手的笔和记事本放在桌子上。只需你控制了桌子上的空间,就可以在心理上处于优势地位,从而渐渐安静下来,不再紧张。

◎ 时刻记住,抢占时间就是抢占人心

抢占时间,也是占有控制权的一种。谁能在时间上抢占先机,谁就能在气势上凌驾于对方之上。

除了争夺空间,争夺时间也是心理战中的有效战术。假如你能占据对方的时间,就表明你具有为所欲为操纵对方时间的才干。因此,当你预备和对方见面时,应该尽可能地依据你的情况决议见面的时间,绝对不可以说"依据您的时间定吧"这样的话。否则,你就是主动降低了自己的气势。

在会晤中,邀请对方访问是强大的一个标志。这一点适用于商业中的时间约定。也就是说可以决议会晤日期的一方在当天的会晤中可以发挥巨大的指导作用。

假如对方提出要在星期几或是哪天见面的话,那你就要决议见面的具体时间。假如不想在见面时被对方的气势压倒,秘诀就是不让对方从头到尾把握控制权。假如你有"对方特意来和我见面"这种想法的话,你的气势就非常轻易受挫,很轻易

对对方唯命是从。

在商业谈判中，假如可能的话，你应该掌控对方的时间。这样从一见面，你就把对方放在了一个比你低的位置上，最简单的方法就是让对方等你。让对方等你也就是占据了对方的时间。

加利福尼亚州立大学的心理学家罗伯特·莱宾教授指出：让对方等候时间的长短，取决于这个人的重要水平。比如学校里的教授，能让学生长时间等候的教授往往会被以为是重要人物。

人们总是不愿意找有很多闲暇时间的财务顾问和律师咨询问题。他们从内心深处更愿意找那些见一面都十分难且日程表上接连好几个月都没有闲暇时间的顾问咨询问题。

依据心理学家詹姆斯·鲁斯和卡萨力·安达克共同做的一个实验，我们得知，大学课堂上假如讲师上课迟到，学生只等10分钟就会回去，副教授的话能等20分钟，教授的话能等30分钟。由此可见，随着地位的提高，一个人能占据的对方的时间也会增加。

在谈判中，假如想让对方答应你的要求，那就比约定的时间晚几分钟再去，这是一个有效战术。假如迟到几十分钟的话，会让对方觉得你很没有礼貌。但假如只迟到几分钟的话就完全没有问题。这样，占据对方的时间就成为一个事实，你就能给对方留下"我是一个重要人物"的印象。

在谈判进程中,请同事或秘书给你打电话,然后对对方说:"对不起,我接一下电话",让对方等你 5 分钟左右,这也是一种谈判技巧。通过占据对方的时间,无形中取得了心理优势,并且可以向对方表明"我可是个大忙人"。

无论你多么闲暇,都不能让对方看穿这一点,否则你就不能成为一名成功的商人。你应该显得十分忙,并且要尽可能按自己的步伐控制时间,这是一个简简单单就能控制别人的方法。

◉ "时间被占用"的反击方法

时间是何等的重要!我被你占用的时间,要用你的愧疚感作为补偿。

当对方控制了你的时间时,让对方产生愧疚感就是最有效的还击方法。

例如,当对方故意比约定的时间来得晚的时候,你一定要特意强调"没关系,我真的不在意你迟到了",这样就会让对方在心理上产生愧疚感。

斯坦福大学的心理学家麦力鲁·卡鲁史密斯博士和威斯康星大学的阿兰·克劳斯博士曾经通过实验证实,心中怀有愧疚感的人会轻易服从对方。在实验中,他们让一位学生(不知情的被实验者）由于运用电器造成对方休克（实际上对方并没有遭到电击）而产生愧疚感，在这之后，这位学生对对方提出的毫无道理的要求的服从率是平常的3倍。

因此，在对方占据了你的时间时，让他产生愧疚感，是一种有效战术。

当对方占据了你的时间时，还有一种还击的方法，就是再去占据对方的时间。比如，当对方说"抱歉，请稍等"，分开一会儿的时间，你就把自己的材料在桌子上摆开，不慌不忙开始安排任务。即使在对方回来之后，你也可以道一句"请稍等一下"，继续你的任务。这样就又占据了对方的时间，在谈判中就取得了相对的平衡。

假如你没有什么事情来打发这段时间的话，那就随意和谁打个电话。在对方回到座位之后，你也不要马上挂电话，让对方再稍等一会儿。这样就向对方传达了"我可是十分忙的"讯息，向对方施加了无形的压力。

当你觉得对方要控制你的时间的时候，马上告辞也是一种有效的战术。你无妨试一试这个方法，你可以对秘书说："××先生看上去很忙啊。请以后再和我联络。我还有别的事情要处理。"然后告辞。假如对方是故意让你等候，那么这时他应该会很焦急，就会马上出来见你。即使对方没有出来，由于你已经把告辞理由说得清清楚楚，也不会显得没有礼貌。

此外，在对对方占据你的时间还击时，还有一条规则是占据对方的时间应该和对方占据你的时间相同。假如对方占据了你5分钟，那么你就随意和谁打个电话，再占他5分钟。假如对方占据了你10分钟，那你就夺回这10分钟，这种"马上回击战术"是十分有效的。

◉ 把对方引入你的"领地"

在自家办事，总是有一种"我的地盘儿听我的"这样的自信。

进行商业谈判时，你应该尽量让对方来你的公司。凡是第一次见面，应该尽可能想方设法让对方来你的公司。这是为什么呢？由于你的办公室是你这一方的"优势空间"，你很熟悉自己的办公室，你不会产生不必要的紧张，并且能给对方施加心理上的压力。

在体育界中，在对手所在地进行竞赛叫作"客场"（awayground），在自己的地盘上进行竞赛叫作"主场"（homeground）。依据大量的调查我们发现，人们在自己的地盘上进行竞赛时能更轻易地取胜。这是由于人们到了一个生疏的地方，就会害怕，从而不能轻易发挥出自己的才干。

依据动物行为学家拉杰克的观察得知，即使是平常很害怕的小狗，也敢追逐跑到自家院子里的大狗。鸡也是一样，假如别的鸡跑到自己的鸡栏里来，原来在栏里的鸡就会有一种优势，它会去追逐后来的鸡。

田纳西大学的心理学家卡洛伊和萨德斯·特劳姆曾经做过一个让大学生们讨论问题的实验。这个实验是在大学生的宿舍里进行的，分为"在自己的宿舍讨论"和"打搅他人，在他人的宿舍讨论"两种情况。实验中，用秒表静静记载了在自己的宿舍发言的人的发言量以及以"客人"的身份去他人的宿舍发言的人的发言量。结果表明：在自己宿舍里讨论的人可以自在发言，与此相对，作为客人时却发言不多。并且，在两个人意见不一致的时候，在自己宿舍的人的发言占绝对优势。这个实验的结果证实了"在自己的领地进行谈判，心理上能处于优势地位"这条法则。把对方叫到你的领地里来，自然就能提高你的谈判才干。

公司的高层人员之所以可以对部下发号施令，是由于他拥有和他的地位相应的优势空间——一个人的办公室，他能把部下叫到自己的办公室来。假如你能把对方叫到你的办公室进行商业谈判的话，就能进一步提高你的优势地位，这就是你的"领地"的作用。

在商务活动中招待客人时，选择自己常去的饭店已经是大家的常识。你常去的饭店就好似是你的领地，可以起到在你的地盘招待客户的效果。假如是对方招待你的话，你应该事先去招待场所看一下。店主是个怎样的人，洗手间在哪里，事先了解了这些信息,你的心理压力就会减轻很多。

👁 不妨放一个"烟幕弹"

我们不必像变色龙一样千变万化,但是也要学会在某些时刻用适当的方式掩饰真实的自己。高手就经常放个"烟幕弹"来保持自己的神秘感,让别人永远不知自己到底在想什么,也是保护自己的一种方式。

有一名叫戴维斯的年轻人去福特的工厂里找他,想卖给他一块地皮。

福特穿着一双破靴子,斜着身子靠在那儿,仔细地倾听戴维斯说的话。那块地皮正好在福特已购买的地皮中间,按理说,他们很快就能谈成这笔生意,而且戴维斯的推销技巧也很不错,可福特的反应却让戴维斯在很长时间内都摸不着头脑。

福特没有直接回答他,而是把桌子上的织状物递给戴维斯看,福特问:"你知道这是什么吗?"

戴维斯摇摇头。于是,福特开始详细地给他解释,说这是一种新发明的材料,福特想用这种材料做"福特汽车"的骨架。

福特给他介绍了这种材料的来历,说它有什么样的好处,福特针对这个新材料足足谈了一刻钟。他给戴维斯详细谈了他准备对明年的汽车换个新式样的计划,显然戴维斯搞不清福特为什么这么做，可他却感到很高兴。

最后，福特才说他对那块地不感兴趣，然后亲自送他出门。

福特没说他为什么不想买那块地，也无须与人争辩，就直接回绝了他人的建议，同时，还让那个人很高兴地离去。

福特的方法是十分巧妙的。他把自己的计划全部告诉了他人，让人感到高兴。可是，其实这是在放"烟幕弹"。他早就下了某种决定，以免让自己的真实想法流露在自己的言行之中。

我们看福特、什瓦普、林肯这些人，他们都能熟练地运用这一策略，不到紧要关头，决不透露自己的真正想法。他们会在可能的范围内尽量赢得对方的好感。

史特郎曾这样描述什瓦普："拜访者见他是十分容易的，可是当他们离开时，他们才发现，自己没能打听到任何想要的消息，只是听了很多笑话。"

当他人问林肯一些十分难以回答的问题，而该问题还不能尽快解决时，他就会反过来询问对方，或者给对方讲些小故事，这就是在暗示客人该告辞了。

一位年轻记者总能得到采访大实业家冯德彼特的机会，可是却总也得不到什么实质性的东西。可是，冯德彼特的亲和力却经常让他在谈论中忘记时间。他为对方独特的魅力所倾倒，觉得能和他在一起谈话是一种极其美好的享受。

这些领袖要么让对方说话，要么就讲故事，或者向对方提问，或者用一种奇妙的方式让对方拜倒在自己的魅力之下。总而言之，他们擅长用迷人的方法使你不能达到自己的目的。

我们再看另一个妙策。

曾做过菲尔德公司秘书的辛普森后来成了公司的总经理。早年，有一次，他在代表菲尔德会见各地客商的会议上一言不发，只是在那儿闷着头抽烟。后来，他人向菲尔德说了辛普森的表现。菲尔德问辛普森："听说你抽了特别多的烟？"辛普森回答："是啊，为了不开口，我也只能抽烟了。"

我们也应该在类似的事情上多加留心。在某些场合，我们不但要少说话，还要努力让自己神色平静。有时，一脸平静地听他人讲话也是非常必要的。

一位老于世故的人说："在他人讲话时，你可以看一些别的东西，比如说，你可以悠闲地看看桌上的一个花瓶，在他人看来，你就会有一种捉摸不透的感觉。"

纽约一位优秀的律师曾经对作者说，他就运用过辛普森的方法："我总在审判的时候抽烟，借以掩饰自己的真情实感。"

在一些特殊场合，我们需要冷漠地对待他人，不做任何反应。

著名的基安尼里是一家银行的创办人，他说自己就遇到过这种情况。当时，他就做出了如下对策：无论对方有什么反应，他一概不理，只是专心想自己的事情，"对于对方的话，你可以左耳进，右耳出嘛"。

当我们处于一种尴尬的处境，但不回应他人又显得有些蠢笨的时候，我们也可以讲几句令人发笑的笑话，就像下面例子中的豪斯将军那样。

1917年夏天，当豪斯将军退居他的别墅时，外界传言说他和威尔逊总统已经决裂。新闻记者在他身边转悠，让他对此事做出明确的回应，他答道："这个谣言好像传播得太晚了，按说它应该伴随着仲夏海蛇的童话一同到来。"

有时，为了谨慎起见，可以如实地告诉对方自己在某方面的无知，以免日后证明自己判断有误时，为众人所笑。

第三章
快速与他人成为"熟人"
—— 深化关系的潜意识影响法则

◉ 结识到熟识：不只是一步之遥

我们在社交场合穿得整整齐齐是为了什么？我们又为什么对演讲人的磁性的声音有着共同的钦佩之感？最终的答案只有一个，那就是我们在这件事上达成了共识，有了共鸣。在共同话题的促使下，素不相识的我们很快就会由结识变成熟识。

有一则故事，它很有名，也很老，但是对我们要说的话题绝对有启发。

林肯是美国历史上著名的总统，而其任职前是一位著名的律师。林肯的律师生涯中包含了许多传奇性的色彩：他的辩护滔滔不绝但是不失确凿证据，演说节奏快但是又有着很强的逻辑性，最重要的一点是他很会抓住听众的心，用陪审团的声音来为自己的辩护增加分量。所以在他工作的区域很有名望，由于他的平易近人，人们很喜欢让他来为自己辩护。

有一次，林肯在其办公室接待了一位老妇人，对其哭诉和陈述怒不可遏、大发雷霆，当场表示会帮助这位老人处理好这件事。原来事情是这样的：这位老人是美国独立战争时一位烈士的遗孤，每月就靠着那么一点烈士抚恤金来维持其风烛残年的病体和生活开支。而就在她最近去取抚恤金时出了一件事，那位出纳员竟然要求她支付一笔手续费后才能领到钱。这是典型的敲诈勒索，而老人对此无能为力，于是便找到了林肯帮其打这场官司。

这场官司不好打是因为那位出纳员是口头进行勒索的，而老人没有任何凭据，但是林肯毫不犹豫地答应了下来。

法院开庭后，老人对法官申诉之后，被告就是那位出纳员，他果然矢口否认。因为老人没有证据，形势对其十分不利。

林肯就在这时缓缓地站了起来，陪审团上百双眼睛立即盯住了他。大家都想看他有无办法扭转老太太的不利形势。林肯的方法很是特别，没有直接进入正题。他首先叙说了独立战争前美国人民所受的深重苦难，然后那些爱国的仁人志士是如何为了人民的幸福揭竿而起，他们是怎样在冰天雪地中坚持战斗、受苦挨饿，直至流尽最后一滴血。他讲到这里时情绪十分激动，言辞也变得犀利起来，而他的矛头也指向了被告——那位出纳员。

林肯这样说道："现在事实已成陈迹。1776年的英雄，早已长眠地下，可是他那老而可怜的遗孤，还在我们面前，要求代她申诉。不消说，这位老妇人从前也是位美丽的少女，曾经有过幸福愉快的家庭生活，不过她已牺牲了一切，变得贫穷无依，不得不向享受着革命先烈争取来的自由的我们请求援助和保护。请问，我们能熟视无睹吗？"

林肯的话是如此的真挚、如此的具有渲染力，以至于那位出纳员自己都低下了头，但事情却没有到此为止，下面的听众听了林肯的话，都被感动得眼圈泛红、痛哭流涕、捶胸顿足、群情激愤。

法官看到这种情况，也做出决定："任何勒索烈士抚恤金的行为都会受到严重的惩罚！"于是，这位老人如愿以偿地得到了她应该拿到的钱。

在这个故事里，林肯与陪审团的成员，以及下面的听众是互不相识的，但是就是他的演说使得大家认可了他，而林肯也正是利用了大家的共鸣帮助老人解决了困难。林肯抓住的是大家的心理，因为陪审团的成员们坐享其成的也是独立战争中那些烈士们用鲜血换来的成果，没有那些前辈，他们也不可能过着幸福的生活。大家维护独立战争中的英雄，也就在一定程度上认可了其后代获取补偿的权利，结果也就可以预料了。

在日常生活和交往中，从相知到熟识的第一种方法是，我们应该适时抓住对方或者大众的情感为我们的观点服务。当然，我们的前提是正当的、不以损害他人的利益为目的的。情感的发挥也只有在一定场景中才能发挥它的固有威力。所以，什么地方说什么话、对什么人说什么样的话也是我们利用情感的一条重要法则。

我们也应当记住：第一次和别人交谈是结识而不是熟知，熟知是我们交谈的一个重要结果，从相知到熟知并非轻易就能达到的，是需要一套特别的技巧的，而用自己的情感来使对方对我们所陈述的内容产生共鸣是最为明智的办法!

请大家记住这则故事,记住林肯的讲话内容和场景,他的讲话为我们做出了很好的榜样,我们可以从中学到很重要的东西。

在与人交往中,我们会有这样的体会:与和自己没有共同语言的人一起交谈时,会感到别扭,烦闷。而我们在销售工作中,若是碰到这种情况,更是让我们头疼。但是为了与客户搞好关系,又必须与其友好地交往下去,怎么办?首先就是要和对方产生共同语言,要善于找到与对方共同感兴趣的话题,和对方产生共鸣。这样,交谈才能够愉快进行,对方也才乐于与你交谈。

退伍军人杰克和一个陌生人同乘一辆汽车。汽车上路不久就抛锚了,驾驶员车上车下忙了一通也没有修好。这位陌生人建议他把油路再查一遍,驾驶员将信将疑地去查了一遍,果然找到了病因。杰克觉得陌生人的绝活可能是从军队学到的。于是试探地问道:"你在军队待过吧?""嗯,待了六七年。""哦,算来咱俩还应是战友呢。你当兵时军队在哪里?"……于是这一对陌生人就谈了起来,到最后杰克和这位陌生人还成了朋友。

有一位业务员去一家公司销售电脑的时候,偶然看到这位公司老总的书架上摆放着几本关于金融投资方面的书。刚好这名业务员对于金融投资比较感兴趣,所以,就和这位老总聊起了投资的话题。结果两个人聊得热火朝天,从股票聊到外汇,从保险聊到期货,聊最佳的投资模式,结果,聊得都忘记了时间。

直到中午的时候,这位老总才突然想起来,问这名业务员:"你销售的那个产品怎么样?"这名业务员立即抓住机会给他做了介绍,老总听完之后就说:"好的,没问题,咱们就签合同吧!"

他们从相识、交谈到最终的熟悉,就在于彼此找到了"金融投资"这个双方的共同点。

你看,和对方找到共同话题达到"共鸣",让你轻松,他也高兴,可以说是皆大欢喜。可见,寻找共同话题对于沟通的双方是多么重要。

有一种人,在容貌、才能、说话方面并没有什么卓越之处,可是与人交往却堪称能手,能够迅速地和一些陌生人成为朋友。其实,他之所以受欢迎,关键不在容貌、才能,而是在他是个能够真诚热情、让朋友感到快乐的人。任何人都希望自己被爱、被认定自己的价值。再小的愿望,只要获得满足,一个人的心就会平静、祥和。你如果想得到这些愿望,首先要学会"爱朋友"。就像爱自己一样去爱朋友,为朋友"奉献",爱朋友的人,最终会得到朋友的爱。善于让朋友倾情相诉的人,最容易获得朋友的衷心爱戴。

从相知到熟识的第二种方法,就是恰到好处地伸出援助之手,用热情感动陌生人,让他从心里认同你。任何人总是关心着自己,可是如果发现了别人也在关心着自己所关心的人,大都会产生一种无比亲近的感觉。比如你帮正在上楼的邻居拎一把液化气罐,你就可以成为他家中的常客;替一个刚刚上车的旅客摆放好行李,你的旅途就多一个伙伴;为忙碌的同事沏一杯茶,你就会得到善意的回报。

某厂的小王是一位书法爱好者,他一直想结识退休的赵副厂长,想和他一起切磋毛笔书法艺术,可惜一直没有良机。一次,工会举办老干部书画展,小王前去参观,正碰上赵副厂长也在展览现场。小王默默地向赵副厂长身边走去,走到赵副厂长的参展作品前时,小王似在自言自语地说:"赵副厂长的这幅作品好,无论是布局还是字的结构、笔法都显得活而不乱,留白也地道。""就是书写的变化凝滞了些,放得不够开。"旁边的赵副厂长接口说道。这样,他们你一言我一语自然而然地进入了对下幅作品的品评。小王与赵副厂长的相交取得了初步的成功。

人们都有一种显示自我价值的需要。真诚的赞扬不仅能激发人们积极的心理情绪,得到心理上的满足,还能使被赞扬者产生一种交往的冲动。

善用"近因效应",让对方将不快改为好印象

在交往中,新近得到的信息比以前得到的信息对于交往活动有更大的影响。"近因效应"是人们在交往中认知的又一个偏见,它对人际关系的影响极其微妙,主要产生于"熟人"之间。

所谓"近因效应"即与首因效应相反,是指在多种刺激一次出现的时候,印象的形成主要取决于后来出现的刺激,即交往过程中,我们对他人最近、最新的认识占了主体地位,掩盖了以往形成的对他人的评价,因此,也称为"新颖效应"。多年不见的朋友,在自己的脑海中的印象最深的,其实就是临别时的情景;一个朋友总是让你生气,可是谈起生气的原因,大概只能说上两三条,这也是一种"近因效应"的表现。在学习和人际交往中,这两种现象很常见。

由于最近一段时间的某一信息,使过去形成的认识或印象发生了质的变化。如一个你熟悉的很不起眼的人,发明了一个了不起的东西,使你对他突然刮目相看。再如一个有多年交情的好朋友做了一件让你怒不可遏的事,从此你们就"老死不相往来"——这仅仅是一次不良的印象,却压倒了以前所有的好印象,看似多么的不合理。这就是"近因效应"的结果。

社会心理学家做过一种试验:把一段描述内向性格特征的文字和另一段描述同一个人外向性格特征的文字让被试者去看,

当被试者看完一段文字后（或是先看描述为内向的，或是先看描述为外向的），先进行其他的活动，如下棋、打扑克等，然后再让被试者看第二段文字，结果大多数对第二部分的印象深刻，将此人描述为内向或外向的人。

日本前首相田中角荣是个懂得心理学的政治家，他非常善于处理事务。应付各种请愿团，更是有一手。他有一个习惯，如果接受了某团体的请愿，便不会送客；但如果不接受，就会客客气气地把客人送到门口，而且——握手道别。

田中角荣这样做的目的是什么呢？是为了让那些没有达到目的的人不埋怨他。结果也如他所愿，那些请愿未得到接受的人，不但没有埋怨，反而会因受到他的礼遇而满怀感激地离去。

从心理学的角度来讲，田中角荣的做法很有道理，他运用的是"近因效应"。田中角荣所擅长的，便是这种高明的心理战术，他送客，就是要让客人忘掉原来的失望，转而觉得荣幸。

一旦出现不良的"近因效应"，也许你会希望与对方的关系恢复如初，却又有碍于面子而无法启口，"第101步"就是解决这种交往障碍的方法之一。所谓第101步，就是设计最新的一次良好交往，以消除最近一次不良交往所形成的交往障碍的过程。这个过程可用数学公式表示为：(99+1) +1。公式中的99表示双方有相当长的亲密交往史，括号中的"1"表示最近一次效果不佳的交往，括号外面的"1"，表示在"近因效应"后，一次效果良好的交往，并称之为"第101步"。第101步的关键在于寻找良好的共同点。

熟悉时期，近因效应的影响也同样重要，也就是人们常说的一句话："好头不如好尾。"与人打交道，我们不仅要在最初表现很好，最后阶段也要表现好，分手时更要特别注意，做到有始有终。

此外，如果给对方的第一印象不够好，或者在双方的交往中曾遇到了不快，更应该巧妙地运用"近因效应"，在最后时刻，挽回局面，达成谅解，给对方留下好印象。

最近一次你留给他人的印象，往往是最强烈的，可以冲淡在此之前产生的各种印象，这就是"近因效应"。有这样一个例子：面试过程中，主考官告诉应聘者可以走了，可当应聘者要离开考场时，主考官又叫住他，对他说："你已回答了我们所提出的问题，评委觉得不怎么样，你对此怎么看？"其实，考官做出这么一种设置，是对应聘者的最后一考，想借此考察一下应聘者的心理素质和临场应变能力。如果这一道题回答得精彩，大可弥补此前面试中的缺憾；如果回答得不好，可能会由于这最后的关键性问题而使应聘者前功尽弃。又如，某人近期突然出现了异常言行，使别人印象非常深刻，以致推翻了根据过去此人一贯表现所形成的看法，从而导致一定的偏见。难怪有时候一句话会伤了多年的和气。事实上，如果你能够把别人近期的异常表现视为以往的任何一件事，甚至是非常重要的一件事，都是毫无妨碍的，不会因"近因效应"而影响你的判断。

心理学研究表明，在人与人的交往中，交往的初期即还处于相识的生疏阶段，"首因效应"的影响很重要，而在彼此交往中已处于相当熟悉的时期，"近因效应"的影响也同样重要。

如果你有个几年前与你闹翻了的好朋友，请你仔细回想一下：当时的场景是不是还历历在目？被好朋友误解甚至还被他狠狠地骂了一顿，这肯定让你非常伤心和不满。这时候，和那个好朋友以前曾经很默契的交谈、很温馨的照顾与关怀，都不见了。眼前浮现的是他因责怪而显得有些狰狞的面孔，而正是这些让你越想越生气，下决心再也不和这位朋友联系了。

清朝时，曾国藩带领他的湘军全力对付太平军。在最初的交锋中，湘军一直处于劣势，连续几次都吃了败仗。曾国藩在上报朝廷的奏折中如实写道："湘军'屡战屡败。'"他的师爷看后，摇摇头，建议将"屡战屡败"改成"屡败屡战"。

曾国藩听从建议，后来事实证明，这一举动是完全明智的。朝廷看到奏章后，认为曾国藩虽然连遭败仗，仍然顽强地战斗，忠心可嘉。所以，不但没有军法论处，反而对他委以重任。完全相同的四个字，只是调动了"败"字的位置，便将一个败军之将的形象，塑造成为勇于挑战失败的正面形象，传达出一种百折不挠的勇者精神。

同"首因效应"相反，"近因效应"使人们更看重新近信息，并以此为依据对问题作出判断，忽略了以往信息的参考价值，从而不能全面、客观、历史、公正地看待问题。"近因效应"是存在的,"首因效应"也是存在的,那么,怎么样去解释这种矛盾的现象呢?通过大量的试验证明,"首因效应"和"近因效应"依附于人的主体价值选择和价值评价。在主体价值系统作用下形成的印象,被赋予了某种意义,被称为加重印象。一般而言,认知结构简单的人更容易出现"近因效应",认知结构复杂的人更容易出现"首因效应"。

就他人最在行的事情提问

人与人之间的交流是双方的沟通,最忌讳的是对方始终沉默不语。那么如何打开对方的话匣子呢?最好的方法就是提问。

一个人光是自己不断地说话,是无法了解对方关心的问题的,所以让对方说话,非常重要。正是通过提问,使得我们对别人的需要、动机以及正在担心的事情,具有一种相当深入的了解,有了这样的答案,他人的心灵大门也就对你敞开了。

如果想感动他人,给他人留下一个良好印象,引导他谈论他自己的事情、知识、意见和看法是最简捷的方法。无论是商场精英还是社交名人,恭维他的最好方法就是提出一个他熟悉的问题,请他谈谈自己的看法。

如果我们碰到的是一个房地产经纪人,就可以问他"近来国家宏观调控下的房价走向如何?"

如果碰到家电业的人，则可以请教他"国产电器和日本电器、欧美电器相比，性价比如何"。

如果我们碰到的是教师，我们可以问他"学校的情况怎么样"。

有才干的人在利用发问来取信于人时，通常会特别注意以下原则：

第一个原则：提出的问题一定要能显示出自己对他人的知识的敬佩，这种谦恭的态度是重要的。麦克兰就是因为忽略了这一原则"失去至少20份工作"。自始至终，他都是一个十分刻苦的专于炼铸技术的工程师，经过他的不懈努力，他成了世界知名的炼铸师。可当他开始工作时，根本不会提问，他说："我不断失去工作，这是因为在上司眼里我懂的太多了，可我又喜欢提问，很明显我的问题使我上司十分下不来台，然后我就失业了。"

仅仅是一个不合时宜的问题，就会导致我们十分不快。在日常生活中，这样的事太多了。

第二个原则：确定你真的对这个问题有兴趣。有一次，一位少妇就一个有关道德哲学的问题向普林斯顿大学校长迈克什博士发问，校长立刻追问她道："夫人，你是只想了解一点知识呢，还是想重点谈一下这个话题呢？"

我们必须承认，博士对少妇的态度是粗暴了些，可这位太太也是自讨没趣，因为她问这个问题时根本没什么诚意。

第三个原则：确定对方乐于回答这个问题，就连我们也会时时躲避那些想要打听我们隐私的人。比如，有人问："据说隔壁要加房租，你掏多少钱？"

这种人不是很冒失吗？

李莲·爱可乐女士说："每个人都喜欢讲一件以自己为主的事情，如果那个人是有汽车的，你可以问问他所经历的险情中最危险的是哪一次；每个人都喜欢发表自己的看法，所以，对一个你一无所知的人，你可以问他对近来人们谈论的暗杀事件持何种意见。"

另外，还有一个话题甚至能让最沉默的人侃侃而谈，那是一个任何人都喜欢谈论的话题，也是一个最容易运用的话题，即谈论他人。一位知名的广告人曾说："人是天底下最有意思的东西。"这句话几乎就是一条真理，我们对与自己相关的东西最感兴趣，当我们听到一些与我们相关的人的消息时，不管他是谁，我们都会马上认真地听着，同时心里立刻会有一些自己的想法、看法。

人际交往中面对众多的陌生人，窘迫心理在所难免，如果你有足够的信心和超人的勇气，主动、热情地同他人说话、聊天，通过提出恰当的问题，让对方有话可说，乐意开心地说，并在话语中逐渐摸索、试探，成功肯定属于你。

👁 牢记你能记住的每个名字

要让人感觉到他在你心目中的分量,最有效的方法是记住他。对于刚交往的人来说,一定要记住他的名字,而对于交往中的人来说,要记住他的生日,保持寄生日贺卡等。卡耐基的一生中常这样做。他暗中记下别人的生日,然后在生日那天给人寄贺卡,这起到不小的作用,使他赢得了别人的友情。

礼貌,是由一些小小的牺牲组成的。没有一个人不希望自己的名字不被别人记住,这代表自己受他人的重视。记住别人的名字,是最直接、最容易获得别人好感的办法。我们中的大多数人多多少少会遇到下面的场景:不久前聚会认识的朋友在马路上邂逅,正在冥思苦想对方的名字的时候,他叫出了你的名字,而你只能勉强地说声"你好!"内心多少有点尴尬。多年的老朋友出现在我们面前,看着那张熟悉亲切的脸却怎么也想不起他叫什么名字……这个时候,不知道你有没有发现对方脸上的一丝不悦?自己心里有一点点懊悔?

除了熟悉的人,多数人不记得更多人的名字,一些人抱着无所谓的态度,而更多的人给自己找的理由是我们太忙了,我们的记性不好。作为总统,富兰克林·罗斯福更忙,而他却肯花时间去记忆别人的名字,并且说得出他见过的每个人的名字,即使是他只见过一次的汽车机械师。

一次，克莱斯勒公司为罗斯福先生特制了一部汽车，张伯伦和一位机械师把车子送到白宫。张伯伦先生后来在一篇文章中回忆道："我教罗斯福总统如何驾驶一部附带许多不寻常零件的车子，而他教了我很多待人的艺术。""当我被召至白宫的时候，"张伯伦写道，"总统非常和气愉悦。他直呼我的名字，我觉得非常自在。给我印象最深的是，他对展示给他和告诉他的那些东西，非常感兴趣。那部汽车经过特别的设计，可以完全靠手来操纵。总统说：'我认为这部车子真是太棒了。你只要按一个电钮，它就动了，不必费力就可以开出去。我认为真不简单，我不知道它是怎么工作的。我真希望有时间把它拆下来，看看它怎么发动。'当罗斯福的朋友和助理在赞赏那部车子的时候，他在他们的面前说：'张伯伦先生，我真感激你为建造这部汽车所花的时间和精力，造得太棒了。'他赞赏冷却器、特殊的后镜和钟、特殊的前灯、那种椅套、座椅的坐姿、车厢里特制的带有他姓名缩写字母的行李箱。换句话说，他注意到每一个我花过不少心思的细节。他还特别把各项零件指给罗斯福太太、柏金斯小姐、劳工部长和他的秘书们看。他甚至把那名年老的黑人司机叫进来，说：'乔治，你要好好地特别照顾这些行李箱。'""当驾驶课程结束的时候，总统转向我，说：'嗯，张伯伦先生，我已经让联邦储备委员会等待30分钟了，我想我最好还是回办公室去吧。'""我带了一个机械师到白宫，我们抵达时，他就被介绍给罗斯福。他并没有和总统说话，他是一个害羞的人，躲在角落里。但是，在离开我们之前，总统找到了机械师，握着他的手，叫出他的名字，谢谢他到白宫来。总统的谢谢一点也不造作，他说的是心里话，我可以感觉出来。""回到纽约之后，我收到一张罗斯福总统本人签名的照片，以及一小段谢词，再度谢谢我的帮忙。他怎么有时间做这件事，对我来说真有些神秘。"

罗斯福知道一个最简单、最重要的得到好感的方法，就是记住别人的名字，使别人觉得自己在他心中的重要，而我们有多少人能这么做呢？

很多成功的人士正是从记住别人的名字这样的事做起，逐步走上成功的道路的。如果你抱怨记忆力差对记住别人的名字无能为力的时候，可以向拿破仑三世学习。他曾经得意地说："即使我日理万机，仍然能够记得每一个我所认识的人的名字。"

他的技巧非常简单。如果他没有听清楚对方的名字，就说："抱歉，我没有听清楚。"如果碰到一个不寻常的名字，他就说："怎么写法？"在谈话的时候，他会把那个名字重复说几次，试着在心中把它跟那个人的特征、表情和容貌联系在一起。如果对方是个重要人物，拿破仑三世就更进一步，等到他旁边没有人，他就把那个人的名字写在一张纸上，深深耕植在他心里，然后把那张纸撕掉。这样做，他对那个名字就不只有视觉的印象，还有听觉的印象。

没错，记住一些名字，可能要花一些时间，用一些脑力，但是与我们收获的尊重和愉快来讲，那又算得了什么呢。正如爱默生所说："礼貌，是由一些小小的牺牲组成的。"记住别人的名字并运用它，并不是拿破仑三世或公司经理的特权，它对我们每一个人都是如此。

记住别人的名字，并不是鸡毛蒜皮的小事，而是从细微处反映了你对他的兴趣如何，他对你有多重要。其实记名字也不是没有办法。记住别人的名字，最有效的方法是每次认识一个人，问清楚他的姓名、家庭人口、职业及价值观点等，把这些资料记在纸上，留在脑海里，反复默看、默想几次就不易忘记了。但是，如果忘记他人名字怎么办呢？或者说错记他人的名字怎么办呢？可以采取必要的补救办法，这就是以提问题的方法来弥补。比如，一个登门造访者实然出现在你的面前，你神经的雷达搜遍脑际也找不出他的名字，便可微笑地说："你好"，之后提问题。如"你好像瘦了一点？"对于胖瘦的感觉是各不相同的，这类问题通常不会失误。也可以这样问："现在的日子过得怎么样？""你还住在老地方吗？""最近在忙些什么？"等，以促使对方谈起自己的有关情况，提供信息，引发、唤醒我们记忆深处的东西，而又不露痕迹。一旦我们努力失败，提问题法就可转为感叹赞扬法。比如："天啊！几年不见，你变得这么年轻，我简直不敢认你了，你是不是叫……"这时，如果对方自报家门，你可接上说："噢，我不敢认，不敢认！"一句恰到好处的感叹和赞扬就能弥补忘却的遗憾。

但是这些方法还是未免有一点救火的意思。其实记住他人名字还是有一些小窍门的。比如说你可以有一本小册子，专门用来记录友人或者值得结交的人的名字、大体背景，在何时什么场合遇见等。如果还是记不住，你还可以根据你遇到的人的形象特征起一个代号或绰号。比如如果是位漂亮的小姐有双大大的动人的眼睛，你就可以起名为"大眼睛"。如果是位胖胖的憨厚先生，你就可以起名为"熊先生"等。这样利用对方外形的特征加以记忆会很不容易忘记又有趣。然后不能忘记的就是要及时把你的代号与小册子的信息联系起来一起记下确保万无一失。

因此，如果要别人喜欢你，最快最简单的秘诀就是记住这个人的名字，对他来说，这是所有语言中最甜蜜、最重要、最受尊重的声音。

👁 用热情走进他人心中

查尔斯·施瓦布说过："一个人只要有无限热情时，几乎可以在任何事情上取得成功。"发挥你的热情吧！让自信的笑容随时挂在你的嘴角，它可以展现你的热情，感染、带动你的同事、朋友，它可以帮助你收获快乐，取得成功！

如果没有热情，最好就不要做任何事；如果缺乏热情，就无法成就任何一件大事。那么什么是热情呢？热情是指一种对学习、生活、工作和事业的炽热感情，它是一种积极的精神状态。热情是一个人全身心投入的基本前提，有热情才有动力，高度的热情往往表现为激情。在人际交往中，热情同样以其独有的魅力占据着制高点，试想，没有热情，你能打动谁？

你该如何迅速认识一个人并且和他建立交流呢？是热情主动，还是冷漠孤傲？人人都怕被拒绝，这是人的天性。当你看起来"安全"的时候，你就减少了别人的恐惧感。如果进一步，你能够热情主动，那将是更好的效果。

想象一下你在候诊室、在飞机上与邻座的人或在聚会上与一位迷人的客人进行一次愉快的交谈，那么，是什么让你们能够如此愉快地促膝而谈？和别人建立认识的过程，你是等待别人介绍还是介绍别人？

一位女士应邀参加一位朋友的宴会。宴会上，她唯一认识的就是繁忙的女主人。她在屋里四处看了看，希望在人群中发现一两张熟悉的面孔。但是，她一无所获，于是她开始自选食物。两位站在她旁边的女士正在交谈。当她把碟子装满食物后，转向身边的一位男士。这位男士向她点了点头，然后拿了个碟子，转身走开了，留下她独自在那儿，她感到很尴尬，觉得大家都在看她。"到底哪不对劲啊？"她想了又想。"我很乏味还是没有吸引力?"她托着一盘子的食物,希望可以找到一个可以独自用餐的地方。她感到极度不自在,不知道自己还能忍受多久。

你也可能遇到和这位女士一样的情况,你一个人也不认识,又不能愉快地与人交谈。你可能太拘束,觉得与人接近让你感到不自在。你可能把别人的无意行为理解为拒绝,并因此弄糟了心情。因为这是被动的方法——等待被人介绍。

让我们想象一下,如果她换种方法来处理这次宴会:拿着一盘子食物,四处看看,想找一处地方坐下。她发现在房间的另一边有几个人围坐在一张咖啡桌边,她走了过去,先做自我介绍,然后坐了下来,问问别人的情况。几分钟之内,她已经与人展开交谈,竟然发现他们都认识她的上司,相互之间也有些了解。当一位男士边走边找座位就餐的时候,她就邀请他加入他们,介绍自己刚认识的几位朋友。

在这种情况下,这位女士采用主动的方式介绍自己。虽然她可能会心里忐忑不安,但是,在发现与别人有共同之处后,她很快就不再害羞了。她传达了自信、从容的信念,让别人来接近她。

为什么要热情主动呢?因为大多数人都喜欢热情主动的人,这让他们感到安心,感到能与人交流。最重要的是,这让他们不用费事主动与人交流。将心比心,热情的人总是能使人倍感舒心。热情能够感人,它就像磁场一样,散发出无限生机和活力、真诚与自信，一定能够感染周围的人，引起对方的共鸣，从而让彼此的交流顺畅自如，谈话滔滔不绝，让彼此打成一片。所谓"酒逢知己千杯少，话不投机半句多"，为什么人们会把喝酒和谈话联系在一起？就是因为喝酒的朋友们在酒精作用下激发出热情，从而让谈话的气氛变得十分活跃，大家更容易找到共同的话题畅谈不已。但是"热情"是什么呢？

为了了解传达此类"冷热"信息的肢体语言，有研究者拍摄了被试者与他人进行5分钟交流的录像带。研究者让一些人参加评估一下别人对他们有多热情或者冷淡，接着再把无声的对话录像带放给他们看，并让他们以同样的方式评估每个参加者的冷淡或者热情的程度。对于观察者来说，热情的肢体语言是表现出关注的姿态、微笑和点头。而不注意对方、没有微笑、坐着的时候伸直了腿都是表面冷淡的肢体语言。

有趣的是，接受评估的人自己没有把这些肢体语言当作冷淡的表示，他们不知道别人这么看自己。所以，你应该注意自己的"冷热信号"。因为，其他人也可能会判断你态度冷淡，尽管你自己并不这样认为，或者你并不想传达这样的信息。如果这样的话，别人可能会消极地回应你。实际情况往往不是一对一地对话，很多时候都是一对多或者多对多，比如你想在众多求职者中取得理想的职业。这样的话，你如果不能在众多人中给其他人留下印象，很快就会被别人遗忘。

当你参加一次聚会的时候，你向房间的四周张望，想找一个可以接近、可以与你谈话的人,也许你对认识新的朋友已经跃跃欲试了,如何使自己表现得更为热情一点呢? 在与他人,尤其是陌生人的交往中,面部表情是最能引起注意的非言语信息。面部表情也是一个人最准确的、最微妙的"情绪晴雨表"。据悉,人的面部有数十块肌肉,可产生丰富的表情,准确传达出不同的心态和情感。人的四种基本情绪喜、怒、哀、惧通过面部不同部位的组合而产生。表现喜悦的关键部位是嘴、颊、眉和额,表现愤怒的是眉、眼睛、鼻子和嘴,表现哀伤的是眉、额、眼睛和眼睑,表现恐惧的是眼睛和眼睑。在所有的表情中,人们最喜欢的肯定是笑,没有一个人喜欢看愁眉苦脸的样子。在人际交往的过程中,很多成功人士就是凭着一张笑脸,扩大自己的影响,表现自己的热情,从而建立起自己的关系网,赢得关键的客户。比如他,无论什么时候,不管遇到多大的困难,即使面对微软将被"一分为二"的时候,他都是那样一副笑脸。这除了能够表现王者的自信,还能体现他那大方的心态,这也成为微软的一块金字招牌。

  热情会让你有更多朋友,你一定要相信这句话。如果生活中的你是一个非常普通、非常平凡的人,没有美丽的外表、没有光鲜的打扮、没有富裕的出身,可是你还是可以凭借自己的热情赢得很多朋友。他们关心你、喜欢和你在一起说话、聊天、谈事情,他们主动帮助你,而这一切都是源于你的热情。你可以用自己的热情感染你周围的朋友,而有热情,就会有更多的热心，谁又能拒绝热心的人呢？

请记住，你的一个主动、一句问候、一份热心都会给别人带来好感，而会让你又交下一个朋友。多一点主动，多一点热情，多一个朋友，走的路更宽！

努力记住他人的嗜好

你对对方的关注有多少，对方对你的重视也就有多少。如果他人的一些微乎其微的平凡小事，你都铭记在心，那么说明你是一个认真细心、待人诚恳的人。如此一来，你也会受到对方的惦念与尊重。记住，眼光永远不要只停留在自己身上！

曾经有一位年轻的商人兼政治家威廉·比尔十分不喜欢马可·汉纳，他甚至都不想见汉纳。

当时，马可·汉纳是克利夫兰的大商人，几乎是世界闻名的美国政坛的风云人物了。麦金莱正是在汉纳的帮助下，才于1896年顺利当选为总统的。

尽管如此，在年轻而骄傲的纽约商人、政治家威廉·比尔眼里，汉纳也不过就是个"笨蛋"，一个克利夫兰的"红发妖魔"而已。有一次，比尔到圣路易斯参加议会会议，偶然间，他看到了一家报纸上登有诋毁汉纳的报道，于是便感觉汉纳十分恶劣，视汉纳如瘟疫，避之唯恐不及。

后来，有朋友劝比尔，如果想在政坛上有所作为的话，最好还是见一下这位共和党领袖。权衡利弊之后，比尔才决定退让一步，登门拜访汉纳。

于是，比尔在南方某个宾馆的一间拥挤而喧哗的房间里见到了汉纳。当时汉纳十分沉静，穿着一身灰色的衣服，安静地坐在椅子上，旁边放着一杯水。

经过介绍之后，汉纳就开始"进攻"这位对自己有所不满的人，他滔滔不绝地说了很多话，多得不让他人有插嘴的余地。

出乎意料的是，比尔发现汉纳从头到尾讲的都是与他自己有关的事：关于他父亲（一位民主党法官）的事，还有他自己对政纲的意见。汉纳说："你来自俄亥俄州吧？你父亲是不是比尔法官？"比尔目瞪口呆。"嗯，你父亲可害得我几个朋友在一次石油生意上损失了许多钱呢！"讲到这儿，汉纳概括地说："其实很多共和党的法官都远远不如民主党的法官……我想想……你是不是有一位在阿需兰的伯父？……好，现在……你对我的政纲有哪些看法呢？"

就这样，这位就在前不久还鄙视汉纳的年轻而高傲的政治家开始说话了，当他讲完了自己想说的话时，已经口干舌燥了。

汉纳说："不错。"

几天后，威廉·比尔就成了汉纳忠诚的支持者。

在此后的几年中，为自己曾经最厌恶的汉纳服务是威廉·比尔最愿意做的事情。

查尔斯·什瓦普是著名的锦标赛冠军骑师，他还曾建立了佩恩莱亨钢铁公司，他这样认为：做一名成功人士的公认的利器便是对他人怀有浓厚的兴趣。

"一战"期间，查尔斯·什瓦普担任紧急装备军舰公司的领导，他就曾运用了这样的策略，使一个下属听从自己的指挥。

当时，他对担任火克岛造船所所长的海军司令说，如果他能提高军舰的制造数量，从30艘提高到50艘，他就将得到一头"全美最棒的泽西牛"。海军司令听后十分兴奋，日夜赶工，果然创造了造船史上的最高纪录。所有的功劳都得益于什瓦普事先了解到那个海军司令平生最喜欢泽西牛的事实。

塞乐司·克提斯先生曾是《星期六晚邮报》和《妇女家庭杂志》的出版商，在他年轻的时候，就懂得如何运用这种策略以取得巨大成功。

起初，他在缅因州波特兰的一家卖织品的店里学做生意，刚过学徒期，他就开始独自创业，办了一份微型杂志，就是如今名满天下的《妇女家庭杂志》。

可在当时，没有一个著名作家会替这样微不足道的小杂志写文章。而如果想提高杂志的销售量，最好能刊登一些著名作家的文章，因此，克提斯得与一些名人建立起关系才行。路易莎·沃尔科特女士就是当时著名作家中最受人欢迎的一位。不久以后，这位作家帮克提斯扭转了命运。

一天，克提斯听说这位女作家对慈善事业十分热心。

根据爱德华·博克的记载："这位能力非凡的约稿专家将矛头对准了那位女作家，他以给她的慈善事业捐助100美元为代价邀请她写一段文章。对于一个热衷于慈善事业的人来说，这个条件确实充满了诱惑。于是，她十分高兴地为他写了一篇文章，他则将一张100美元的支票送给她作为回报。"

其实，克提斯只是在名义上把支付给她的稿费做了改动，投他人之所好，就轻而易举地使这位女士改变了对自己杂志的态度，获得了她的好感，顺利地渡过了他出版事业的第一个难关。

关于这一策略的具体实施，不同的人会有不同的方法。

弗利特·凯里是著名的新闻记者。他说，他认识一位十分出色的推销员，那个人有很多详细记载他的客户的嗜好的小卡片。沃尔特·蒂尔·斯科特也说过有这样一位经理，他有一个记事簿，上面记录着他的员工的生日，以使他能在员工生日那天给他们加薪。

当我们出其不意地给他人一个惊喜时，这种策略就十分有效。因此，我们应当对我们所知的他人的嗜好善加利用。休·富乐敦告诉我们，当他与罗斯福会面时，每次一说到棒球的话题，罗斯福就会特别高兴，罗斯福经常问他："现在棒球怎么样？安松还打棒球吗？"无论是对大人物还是普通人，这种策略都同样有效。 新闻记者马可森以访问大人物而闻名，他告诉我们："大人物最喜欢的就是你提起你们上次谈话时他说过的话。"

银行行长劳伦斯·怀廷是芝加哥金融界一位十分敏锐而博学的人物，前不久，一位广告商曾说起过他的一些事。

他明白如何适当地去向他人发问。在交谈中，他总会在适当的时刻顺便问一两句你的私人的事情，以表示他在记挂你正在做的事、你的喜好以及那些你认为他早就该忘记了的小事。

这个方法实施起来是十分容易的，也许正是如此，人们才最容易忽略它。对于我们来说，我们不总是只记得与自己有关的事，而忘记他人的事吗？

因此，伟人之所以被称为伟人，就是因为他们能够竭力关注他人，对与他人相关的事情，都能加以关注，这也是他们解决问题的一种策略，同时，他们也赢得了人们的好感。

◉ 不是多余的赞美：你不可不知的技巧

努力去发现你能对别人加以夸奖的极小事情，寻找你与之交往的那些人的优点、那些你能够赞美的地方，要形成一种每天至少五次真诚地赞美别人的习惯。这样，你与别人的关系将会变得更加和睦。只要你愿意，你总是能够在别人身上找到某些值得称道的东西，也总是可能发现某些需要指责的东西——这取决于你寻找什么。

我们活在这个世上，除了面包、大米之外，似乎还需要些别的。这不是你或者我或者什么圣人能决定的事，或者可以算是我们的本性吧。还记得别人（也许是你的爸爸妈妈）第一次赞美你是什么时候吗？还记得那个时候，你是怎样兴奋得无法入睡吗？还记得那时的美妙感觉吗？

随着我们的成长，或许我们已经不会为了别人的一句赞美而彻夜不眠，但是我们听到赞美时的美好感觉并不能抹去。在潜意识里，我们都渴望别人的眼睛，渴望别人的赞美，这是每个人都会有的渴望。由此而及彼，别人也渴望我们的赞美，所以学会赞美别人往往会成为我们处世的法宝。

有一首诗中写道："假如你认为他应该得到赞美，现在正是时候，因为他去世后，不能读自己的墓碑。"

"赠人玫瑰，手有余香。"任何掌握了赞美艺术的人都会发现，赞美不仅给听者，也给自己带来极大的愉快。它给平凡的生活带来了温暖和快乐，把世界的喧闹声变成了和谐动听的音乐。人人都有值得称道的地方，我们只需把它说出来就是了。赞美并不是教你使用卑鄙谄媚的手段来操纵他人。你当然不必连人们的缺点、坏事都加以赞美，而且也不应该赞美。不过，请想想，如果我们不对人类的缺点及肤浅幼稚的虚荣心佯装不知的话，又如何能在这个世界上立足呢？

俗语有云："逢人短命，遇货添钱。"假如你遇到一个人，你问他年龄，他答道："今年50岁了。"你说："看这位先生的面貌，只像30岁的人，最多不过40岁罢了。"他听了，一定很欢喜。是之谓"逢人短命"。又如走到朋友家中，看见一张桌子，问他多少钱，他答道："400元。"你说："这张桌子，普通价值800元，再买得便宜，也要600元，你真是会买。"他听了一定也欢喜。这就是"遇货添钱。"只要掌握这一特征，你必然能大受欢迎。要建立良好的人际关系，恰当地赞美别人是必不可少的，因此，我们一定要做到。

在一家卖清粥小菜的餐厅，有两个客人同时向老板娘要求增添稀饭时，一位是皱着眉头说："老板，你为什么这么小气，只给我们这么一点稀饭？"结果那位老板也皱眉说："我们稀饭是要成本的。"还加收他两碗稀饭的钱。另一个客人则是笑眯眯地说："老板，你们煮的稀饭实在太好吃了，所以我一下子就吃完了。"结果，他拿到一大锅又香又甜的免费稀饭。

适当地赞美别人，是我们在创造"新关系"中最好的方法之一。小小的赞美能产生极大的效果，甚至能帮我们化解好多困境，因为赞美是人与人之间最好的润滑剂。

美国华克公司在费莱台尔亚承包修建了一座办公大厦。自承包修建之时起，所有的项目都按预定计划顺利进行着。谁知工程接近尾声，进入装修阶段时，负责提供大厦外部装饰铜器的工厂却突然来电通知他们不能如期交货。大厦不能准时完工，华克公司必将蒙受巨大的经济损失。因此，华克公司的头头脑脑们都非常焦急，但多次打长途电话以及派人反复交涉，都无济于事。最后，公司决定派高伍先生前去谈判。

高伍先生不愧为谈判的高手，他一见到铜器厂的总经理，就称赞道："经理先生，你知道你的姓名在勃罗克林是独一无二的吗？"总经理很惊异："不知道。"高伍先生说："噢，我今天早晨下火车，在查电话簿找你的时候，发现整个勃罗克林只有您一个人叫这个名字。""这我还从来不知道。"总经理很惊喜地说，"要说我的姓名的确有点不平常，因为我的祖先是200多年前从荷兰迁到这里的。"随后，总经理便饶有兴致地谈起了他的家庭和祖先。待总经理说完，高伍先生又夸奖起他的工厂："真想象不到你拥有这么大的铜器厂，而且我还真没见过这么干净的铜器厂。"

高伍的夸奖使总经理得意非常，他自豪地说："它花费了我毕生的精力，我为它骄傲。"总经理高兴地说完，便热情邀请高伍参观他的工厂。在参观的过程中，高伍又不失时机地夸奖了工厂里几种特别的机器，这使得总经理更为高兴。他告诉高伍，这几种机器都是他自己设计的。

最后，总经理对高伍说，没想到我们的交往会这样令人愉快，你可以带着我的承诺回去。即使别的订货拖延，你们的货也保证按期交。

赞美是一种艺术。真正懂得赞美艺术的人，不仅可以赞美对方现在特别出色的地方；还可以在看到对方有潜在能力时，看到对方身上好的苗头的时候，而来赞美，好像伯乐发现了千里马一样。

朋友们,去慷慨地赞美每一个人吧!每个人,都有他值得别人赞美的地方。找到这些值得赞美的人和事,然后——赞美他们!

4

···第四章
先找到对方的弱点，再有的放矢
——一击即中的精准攻心技法

👁 说话时指手画脚的人好胜心强

人在表达自己的过程中,应该注意言谈举止的协调性。语言柔和、身体动作自然的人,会给人亲切放松的感觉。而言辞激烈、身体动作极其夸张的人,则让人倍感压力,从而形成距离感。

一般而言,指手画脚、动作幅度大的人感情丰富,和身体僵硬、言行拘谨的人正好相反,这种人的行为举止和自己情感、情绪的表达有非常密切的关系。当情绪高昂时,身体的动作便很自然地多了起来,若心中有不吐不快的事情时,身体的动作也会不自觉地夸张起来。

这种人总是急于表达自己的情感、宣泄自己的情绪,因而忽略了他人的感受,是属于个性较为强势的人。缺乏主见者若是和他们在一起,将全被其强势的气焰压制住。正因为他们只考虑自己而忽视他人的感受,基本上是属于较自私的个性。

但是,这类型的人在工作上大多相当有能力,由于个性积极,对自己想说的话、想做的事,都能通过流畅的表达能力,轻易地传达给他人。再加上说服能力够强,办事的成功率也提高不少。他们的动作夸张,好像在演戏似的,以致自己情绪的兴奋、低落，很容易影响周围的人，在工作职场上或团体中，可带动他人和自己一起往前冲，是创造活跃气氛、使大家团结为一体的高手。

特别是那种连打电话时都会夸张地指手画脚的人，明明看不到对方，却好像对方就在眼前似的，这种人若对一件事物热衷起来，其他的事便不会放在眼里。除此之外，他们也是好胜心非常强的人，若有强劲对手出现的话，他们一定会使出浑身解数，绝不愿输给对方。

这类型的人，不仅在工作上，对于玩乐和商场上的应酬，也毫不含糊，样样事都拿捏得十分恰当。可是一旦遭遇挫折，却会变得异常脆弱。若再加上没有赏识自己的上司，缺乏适时的激励，也会令他们油尽灯枯、欲振乏力。因此，他们也常常需要看一些励志性的书籍，借以鞭策自己。当他们感到失落时，与其对他们说一些鼓励的话，还不如制造一个新环境，让他们重新投入一个自己主演的"剧情"中，反而会让他们振作起来。

◉ 双臂交叉抱于胸前者防卫心重

在人们的印象中，警察、教官、教练等一些职业的人，总是会摆出一副交叉双臂的姿势。这些职业的人往往给人一种冷漠、严厉的感觉。交叉的双臂可以代表一个人的防御心和警戒心，因此，在人际交往中，要想给人一种亲近感，还是放开胸前的双臂为好。

将双臂交叉抱于胸前，是一种防御性的姿势，防御来自眼前人的威胁感，保护自己不产生恐惧，这是一种心理上的防卫，也代表对眼前人的排斥感。

这个动作似乎在传达"我不赞成你的意见""嗯……你所说的完全不明白""我就是不欣赏你这个人"的信息。当对方将双臂交叉抱于胸前与你谈话时，即使不断点头，其内心其实对你的意见并不表示赞同。

也有一些人在思考事情时，习惯将双臂交叉抱于胸前，但是一般来说，有这种习惯的人，基本上是属于警戒心强的类型。在自己与他人之间设置一道防线，不习惯对别人敞开心胸，永远和对方保持适当的距离，冷漠地观察对方。

防卫心强的人，大多数在幼儿时期没有得到父母亲充分的爱，例如母亲没有亲自喂母乳、总是被寄放在托儿所、缺乏一些温暖的身体接触。在这种环境之下长大的人，特别容易表现出此种习惯。

著名的日本演员田村正和，在电视剧中常摆出双臂交叉抱于胸前的姿势，因此他给观众的感觉，绝不是亲切坦率的邻家大哥，而是高不可攀的绅士。他不是那种会把感情投入对方所说的话题中，陪着流泪或开怀大笑的类型。他心中似乎永远藏有心事，在自己与他人之间筑起一道看不见的墙。这种形象和他习惯将双臂交叉抱于胸前的姿势，似乎非常符合。

个性直率的人通常肢体语言也较为自然放得开。当父母对孩子说"到这儿来"，他们想给孩子一个拥抱时，一定会张开双臂，拥他入怀。试试看将双臂交叉抱于胸前对孩子说"到这儿来"，孩子们绝不会认为你要拥抱他，而是担心自己是否惹你生气，准备挨骂了。

观察一下对方，是习惯将双臂交叉抱于胸前，还是自然地放于两旁呢？自然放于两旁的人，较为友善易于亲近，并且可以很快地和你成为朋友。不过，若你有不想告诉他人的秘密，又想找人商量时，请选择习惯将双臂抱于胸前的人。因为太过直率的人守不住秘密，而习惯于双臂抱胸的人会将你的秘密守口如瓶。但是，要和这种人成为亲密的朋友，可能要花上一段很长的时间。

◉ 眼珠转动频繁的人一般性急易怒

"眼珠的转动"这一如此细微的动作，也能反映出一个人的性格。领导用人的时候，可以通过观察一个人眼珠转动的频率来判断这个人适合的职位。如此一来，也许可以避免发生"急性子"在公司中大发脾气的事。

美国心理学家 L. 卡茨与 E. 乌迪对 130 个家庭进行了调查，

结果发现，焦躁易怒的人与他人发生争执的比例，比稳重的人高58%。

冲动、易发火的人，一般不擅长处理人际关系。

易怒的性格一般是长年累积形成的，很难在一朝一夕改过来。即使下决心"从明天开始不再轻易发火"，顶多也只能忍耐两三天。

从一定意义上看，易怒的人充满了能量和活力，喜欢接受挑战。如果你欣赏这一点而录用了易怒的人，公司的人际关系很可能会被搞得一团糟。

那么该怎样避免这种危险呢？

如果你负责公司的人事工作，请一定记住下面这个判断法则。就是要注意对方眼珠的转动方向，说话时眼珠习惯朝右转动的人往往属于易怒、攻击性强的类型。

斯坦福大学的临床心理学家G.拉丘爱鲁博士，曾对28位男士做了一个实验，要求他们在30秒内不间断地回答一连串问题。在回答问题的时候，人们的眼珠不是向左转就是向右转。博士并不关心他们对问题的回答，只是注意28位男士眼珠的转动方向。然后将他们分为眼珠朝左转动和眼珠朝右转动的两组，在问答过程中对各组表现出的性格特征倾向进行了调查。

结果表明，回答问题时眼珠朝右转动的人，性格更急躁，攻击性更强。他们无法将焦躁不安的情绪或压力隐藏起来，一定会发泄出去，比如严厉地责备他人、扔东西或摔东西等。在这一点上，回答问题时眼珠朝左转动的人正相反。他们一般会把不快封闭在心中，不会表现出攻击性。不过，拉丘爱鲁博士指出，这种类型的人容易出现精神方面的问题。

在商业谈判中，如果你发现对方的眼珠总是朝右转动，就可以推测出他相当难对付，而且具有很强的攻击性，是个很麻烦的对手。相反，如果你提问时对方的眼珠总朝左转动，那么即使你的要求很过分，对方心中的怒火已经开始燃烧，但在表面上他还会表示认可。

不断提问，观察对方眼珠的转动，就能发现许多问题。

👁 开场白太长的人缺乏自信

前方的铺垫是为了更顺利地做好后方的工作，俗话说"一个好的开始就是成功的一半"，而很多人都过于看重这样一个"好的开始"，这也就从侧面暴露了这个人对于后面工作的准备不足和不自信。

为促进彼此的人际关系，大部分人交谈前都会先有一段开场白。的确，和对方见面时，如果不先说点引言，就直接切入重点，可能会令人对自己的意图产生误解，从而产生戒心而不易沟通，所以在商业会谈中开场白是不可或缺的。

但若一个人所做开场白过长，听者不易抓到说话的重点，不过是浪费时间，徒增焦急。但不知为什么仍有人喜欢把开场白拖得很长。

首先，可能是说话者对听者的一种体贴。若对方是个敏感仔细、易受伤害的人，直接谈到问题重点，可能会对对方造成冲击。所以说话的人就刻意拖长开场白，以顾虑对方的反应。

其次，另一种人则考虑若开场白太过简短，可能会使对方误会或不悦，因而留下不好的印象。基于这种不安，所以延长开场白。

由此可知，说话者无非是为了更详细地表达自己的意思，所以才有很长的开场白。

开场白太长固然令人不耐烦，但有的人却矫枉过正，在面对上司、前辈时，生怕自己过长的开场白会使对方产生反感而遭斥责，所以不顾虑对方态度，这也就太反常了。

此外，有人应邀演讲时，也难免会把开场白拖得很长，这则是因为缺乏自信所做的一种辩解。

为什么有人要利用开场白为自己辩解？通常说来都是为了隐藏自己的不安，于是，有些人就会借很长的开场白来为自己辩解，所以，这种人应是小心翼翼型的人。

◉ 主动当介绍人的人喜欢自我表现

有人主动帮忙固然好，但如果是没有什么交情的人过于主动地帮忙，就不一定是件好事了。这种喜欢主动当介绍人的人多数都好招摇，好炫耀，从而夸大自己的能力。碰到这种人，就算他摆出天大的诱惑，还是不要轻信为妙。

"听说你明天要到外地出差，那儿正好有很多我的好朋友，你只要向他们报上我的名字，保证你办事会很顺利。"有的人就是如此，别人还未请他帮忙，就主动为即将出差的人介绍朋友。

如果这位出差的人士靠这位仁兄的介绍，得到当地朋友的特别照顾，同时借着这些人的面子和信用，的确能顺利地开展工作，甚至他们还体念这位人士刚到陌生的地方，晚上带他四处游乐，那么这种人的好意实在不错。但多半情形都是尽管他按地址找到了其人，情况却与预期的不同。其中原因可能是因为被推荐人并不像介绍人所说的可以信赖，而且他们两人也没什么特别亲密的关系，所以可能会得到冷淡的待遇。

如果出差的地点是在国外的话，这个介绍人想发挥自己影响力的欲望也就更强烈，所以我们可听到他说："喂！你这次是不是要到伦敦？可以拿我的介绍信去拜访这个人，或者你到了纽约去找这个人……"而当事人若信以为真，拿着那封信拜访被推荐人，结果可能又和前述遭遇相同，不但自己的期待幻灭，对方也许根本不知道介绍人为何许人。

这种人，为什么如此热衷于帮别人介绍朋友？

原因之一就是这些介绍人可以通过为人介绍这一行为，来满足自己爱管闲事的冲动。

当然，他们一方面是出于好意，体念朋友人地生疏，但另一方面也是向朋友表示他有不少知心好友，他很有办法。但这些人的想法未免太单纯，因为他们既然要替人介绍，至少应该知道必须对当事人双方负责任。这些介绍人表面上看来似乎很乐意照顾别人，本着"助人为快乐之本"的心，事实上他们根本没想过自己是否尽到介绍人的责任，只是以此满足自己而已。

总之，喜欢替人介绍的人，往往是希望表现自己的能力却并未真正替被推荐人或第三者考虑。所以，各位不要把他们的行为和真正喜欢照顾别人混为一谈。

沉默寡言的人往往深藏不露

寡言的人，给人的感觉不仅仅是安静平和，还有神秘，他们喜欢默默行动，有了成绩也不聒噪。在商场中，沉默寡言的人通常是"不鸣则已，一鸣惊人"。

沉默的人，不等于无言，而是将言语内敛，不表露而已。人在社会上活动，何时沉默，何时言语，当然是很有学问的。

沉默寡言的人，大都具有人格面具。因为长期在刀光剑影的名利场上争斗的人，会有一种本能反应。越是轻浮，越是直白说出自己观点的人，往往越危险。即使达不到深沉、达不到大智若愚、达不到一种淡定自若，他也得装出来，这样让人感觉到他也是有内涵的，他不是轻浮的，是有内功的，这种叫扮深沉。

小人得志，把鸡毛当令箭，目光短浅，井底之蛙，偶拾到一粒沙子就以为捡到了整座金矿。真正成大事的人往往是沉默寡言的，真正咬人的狗是不叫的。他们懂得闷声发大财，沉默是金的道理。

下面这段文字是一位中信沙龙鸽友会的成员对其内部成员的一些观察和感想，或许可以给我们一些提示。

第一种人：自以为是，夸夸其谈，旁若无人。

常见到有些"鸽友"拿到麦克风以后即爱不释手，全然不顾其他朋友的想法，尽情宣泄着内心的情感，夸夸其谈，旁若无人。且以自我为中心，容不得一点其他不同意见，如若有"好事者"插嘴，便会有一番理论，甚而有言语间冲突，骂骂咧咧。每至于此，皆会引起众怒，还得由管理员出面协调。

其实在沙龙内，此种人少之又少，因为难以得到大家的赏识，无法立足，更无市场可言。大家来到沙龙干什么，一种是为了学习，能够于不经意间学到些理论之外的东西；一种为真心地想在实战经验方面获得相应的提高，取长补短，再接再厉；再者作为初学者，生门生路，只有一个心愿，希望能结识新朋友，若有缘还会结为师徒之美。时间本来就很宝贵，没有人耐着性子去听一些夸夸其谈，一派胡言，更何况毫无获益。因此，那些善于表现自己的"鸽友"们是否应该稍有收敛，但愿吧。

第二种人：沉默寡言，不言则已，一语千金。

真正的高人在此时的确能够得到完美地体现。这种人往往**德高望重**，在某一区域堪称真正的疆场英豪，赛场高手，摘金夺银对他们来说如探囊取物。他们于沙龙内常常是沉默寡言，任凭风吹雨打稳如泰山，但每次遇到棘手的问题，总会在"鸽友"们的一再要求之下欣然而出，针对问题一语道破天机，一枪中的，于是乎满堂喝彩，"鸽友"们内心之佩服溢于言表。相比较之下，那些夸夸其谈者真的是相形见绌。

对深藏不露的意图可利用，却不可滥用，尤其不可泄露。一切智术都须加以掩盖，因为它们招人猜忌；对深藏不露的意图更应如此，因为它们惹人厌恨。欺诈行为十分常见，所以你务必小心防范。但你却又不能让人知道你的防范心理，否则有可能使人对你产生不信任。人们若知道你有防范心，就会感到自己受了伤害，反会寻机报复，弄出意料不到的祸患。凡事三思而行，总会得益良多。做事最宜深加反省。一项行动是否能圆满到极点，取决于实现行动的手段是否周全。

保持沉默并不意味着拒绝参与、贡献或沟通。在生意场合保持沉默并不包括因愤怒或一时冲动而拒绝开口的情形。它也不是如怨偶之间或愠怒的青少年所做的给别人"沉默的对待"。沉默是有目的地保持安静，深谋远虑地倾听，有意识地选择不讲话，除非讲话比不讲话能有更多的收获。

当正确地采用沉默时：

1. 会增加你形象的神秘感。
2. 减少错误。
3. 让别人去说，使你从中学到更多东西。
4. 使别人处于舞台中心，如果这种策略是必要的话。
5. 对那些你不想讨论的问题不予置评，而使你能主导谈话的方向。

对深藏不露的人，迂回谈话是最好的谈话方式，你可以就一个问题从不同角度多问。当对方深藏不露时，你要有耐心，可以迂回地问同一个问题，从不同的角度，试探他的意见。不要和他一起兜圈子，否则时间都会浪费掉，要不时在谈话中流露出自己的感情和对事件的关切，尽量拉近他和你之间的距离，稍微迂回之后再切入主题，请他发言。

👁 看透虚荣者的浮华面具

在这个物欲横流的社会中,人们都想追求功绩和名利。追求本没有错,但是如果过分贪恋,就会形成虚荣心。虚荣是一个欲望的深渊,多少名利都无法填满它。虚荣让人找不到成功的快乐,只会让人活在欲求不满的痛苦之中。你还会做一个虚荣的人吗?

虚荣心是自尊心的过分表现,是为了取得荣誉和引起普遍注意而表现出来的一种不正常的社会情感。

虚荣与自尊及脸面有关,自尊与脸面都是在社会活动中才能得以实现。通过社会比较,个体精神世界中逐步确立起一种自我意识,自我意识又下意识地驱使个体与他人进行比较,以获得新的自尊感。有虚荣心的人否定自己是有短处的,于是在潜意识中超越自我,有嫉妒冲动,因而表现出来的就是排斥、挖苦、打击、疏远、为难比自己强的人,在评职、评比、评优中弄虚作假。

虚荣心是一种为了满足自己对荣誉、社会地位的欲望,而表现出来的不正常的社会情感。有虚荣心的人为了夸大自己的实际能力水平,往往采取夸张、隐匿、攀比、嫉妒甚至犯罪等反社会的手段来满足自己的虚荣心,其危害于人于己于社会都很大。虚荣心有以下几个特点:

1.普遍性：在社会生活中，每个人都或多或少有些虚荣心理，这是正常的，如果过分虚荣，则是病态的。

2.达到吸引周围人注意的效果：为了表现自己，常采用炫耀、夸张，甚至用戏剧性的手法来引人注目。例如用不男不女的发型来引人注意。

3.虚荣心与时尚有关系：生活中总有时尚前卫的存在，而人总喜欢追求新奇的东西，满足自己的虚荣心。

4.虚荣心不同于功名心：功名心是一种竞争意识与行为，是通过扎实的工作与劳动取得功名的心向，是现代社会提倡的健康的意识与行为，而虚荣心则是通过炫耀、显示、卖弄等不正当的手段来获取荣誉与地位。

虚荣心太强是有明确表现及危害的：

1.物质生活中的虚荣心行为：主要表现为一种病态的攀比行为。

2.社会生活中的虚荣心行为：主要表现为一种病态的自夸炫耀行为，通过吹牛、隐匿等欺骗手段来过分表现自己。

3.精神生活中的虚荣心行为：主要表现为一种病态的嫉妒行为。

虚荣心重的人，所欲求的东西，莫过于名不副实的荣誉，而所畏惧的东西，莫过于突如其来的羞辱。虚荣心最大的后遗症之一是促使一个人失去免于恐惧、免于匮乏的自由；因为害怕羞辱，所以不定时地活在恐惧中，时常没有安全感，不满足；

而虚荣心强的人，与其说是为了脱颖而出，鹤立鸡群，不如说是自以为出类拔萃，所以不惜玩弄欺骗、诡诈的手段，使虚荣心得到最大的满足。问题是虚荣心是一股强烈的欲望，欲望是不会满足的。

英国哲学家培根和德国哲学家叔本华有两句格言："虚荣的人被智者所轻视，愚者所倾服，阿谀者所崇拜，而为自己的虚荣所奴役。""虚荣心使人多嘴多舌，自尊心使人沉默。"

克服虚荣必须分清自尊心和虚荣心的界限，正确认识自己的优、缺点；必须做一个诚实的人；必须培养自己的求实品质。有些人非常希望得到别人的尊重与欣赏，却往往不能如愿以偿，一个重要的原因是他们陷入了虚荣的误区。虚荣心是一种表面上追求荣耀、光彩的心理。虚荣心重的人，常常将名利作为支配自己行动的内在动力，总是在乎他人对自己的评价。一旦他人有一点否定自己的意思，自己便认为自己失去了所谓的自尊而受不了。

5

···第五章
成功让别人听你的话
—— 一开口就让人服的深度说服力

👁 你是自己人：信任感是劝说的第一步

君王只会听取信臣的意见，而对于不信任的人，轻则置之不理，重则更加疏远。说服别人与臣子献计也是一样的道理，人们永远只会相信自己阵营里的人，排斥与之不相干的，利益不同的其他角色。

所谓说服，指在正式或非正式的谈判交流中，进行充分的沟通，进而使对方接受说服者意图的过程。这是一个非常复杂的过程，其中的每一环节都要谨慎小心，任何微小的错误都会降低说服的效果。

说服别人，就是使被说服者能够认同说服方的各种信息和事实。而要达到这一点，最基础的要求就是要在说服的前期建立相互信任的关系。所以，说服艺术中一条最基本的法则就是尽量建立相互间的信任。这是因为，说服的过程如果是以相互信任为基础的，则有助于创造良好的气氛、调节双方的情绪、增强说服的效果。

同样一个十分有利于公司发展的方案，如果领导信任你，他就容易接受；相反，如果领导不相信你，那么，他就难以接受。一个正直诚实的人往往容易获得他人的信任。

对不信任的人，无论他怎样劝说也不会得到效果，因此，信任是劝说的第一步。怎样才能让人信任呢？首先就是让对方觉得你是自己人，是替他着想的，对此有很多技巧。

一、寻找共同利益，利用"自己人效应"

在劝说中，力争使对方形成与自己相同的看法，尤其让对方看清楚双方在利益上的共同之处，共同之处会使他人产生趋向倾向，把你看作是自己人，这样可以大大减少对立情绪。你提出要求时，对方较易接受。心理学家哈斯曾告诉人们："一个造酒厂老板可以告诉你为什么一种啤酒比另一种好，但你的朋友（不管他的知识渊博还是肤浅）却可能对你选择哪一种啤酒具有更大的影响。"

二、对对方的某些困难表示关心和理解，适度褒扬别人

每个人的内心都有自己渴望的"评价"，希望被赞美并希望别人能了解。

比如你是领导，当下属由于非能力因素而借口公务繁忙拒绝接受某项工作任务之时，领导为了调动他的积极性和热情从事该项工作，可以这样说："我知道你很忙，抽不开身，但这种事情非得你去解决才行，我对其他人没有把握，思前想后，觉得你才是最佳人选。"这样一来就使对方无法拒绝，巧妙地使对方的"不"变成"是"。这一劝说技巧主要在于对对方某些固有的优点给予适度的褒奖，以使对方得到心理上的满足，减轻挫败时的心理困扰，使其在较为愉快的情绪中接受你的劝说。

三、寻求共鸣

人与人之间常常会有共同的观点，为了有效地说服别人，应该敏锐地把握这种共同意识，以便求同存异，缩短与被劝说对象之间的心理距离，进而达到说服的目的。共同意识的提出能缩短和别人之间的心理距离，能使激烈反对者不再和我们的意见相反，而且会平心静气地听我们的劝说。这样，我们就有了解释自己的观点，进而攻入别人内心的机会。

四、动之以情

说服工作，在很大程度上可以说是感情的征服。感情是沟通的桥梁，要想说服别人，必须跨越这座桥，才能进入对方的心理堡垒，征服别人。在劝说别人时，应推心置腹，动之以情，讲明利害关系，使对方感到我们的劝告并不抱有任何个人目的，没有丝毫不良企图，而是真心实意地帮助被劝导者，为他的切身利益着想。

五、以真诚之心建立情谊

一位美国青年当上了一家豪华饭店的侍从，这是一个收入很高的工作。一天一个顾客在进餐前，把餐巾绕脖子围了一圈。经理见后对这个青年说："去告诉他餐巾的正确使用方法。"青年来到顾客面前笑着对他说："先生，您要刮脸，还是要理发，这里是餐厅。"结果他失去了一个好工作。

这位青年劝说为什么会失败？最主要的原因是他缺少真诚之心。在劝说他人，加强情感联络的同时还要具有同情心，使对方感到你是真诚的。

六、轻松诙谐

说服别人时，不能一律板着脸、皱着眉，这样很容易引起被劝说人的反感与抵触情绪，使说服工作陷入僵局。可以适当点缀些俏皮话、笑话或歇后语，从而取得良好的效果。这种加"作料"的方法，只要使用得当，就能把抽象的道理讲得清楚明白、诙谐风趣，不失为说服技巧中的神来之笔。

七、注意说话时的距离

在美国，询问可疑人时有"警官坐在可疑者身边，警官与可疑者之间不放置桌子等物"的要求。实际上警官和可疑者之间的距离是 60~90 厘米。以这种距离相坐时两膝十分接近，这就是促膝谈判。如果与对方的距离远，中间有桌子等物相隔，就会给予对方心理上的余地。促膝谈判，不给对方以心理上的余地。

想得到他人长时间的协助，怎样说服好呢？以此为目的进行了实验。距对方 30~40 厘米进行热心的劝说，得到协助的时间最长。而距对方 90~120 厘米的劝说，得到协助的时间最短。近距离热心说服的效果，是不能以远距离说服代替的。

八、利用光环效应

一般说来，信任是基于他的社会地位。

如医生、律师、领导、教师等都易被人信任。名片上一般都有自己的头衔，身份明了，根据"××律师""××博士"

的头衔就可产生信任感,这就是光环效应。如果一个人病了,医生的话当然要比经济学家的话更能取得他的信赖。

此外,我们还要注意沟通中的各种微小细节问题,缩小与对手的心理距离。生活中人与人之间的交往也处处证实了这一点,如果一个人对别人总是心怀戒备、处处提防,就会在双方的交往过程中无形地挖开一道深深的鸿沟,虚情假意的惺惺作态只会让交往沟通的难度一升再升。请注意,在沟通中的话语,甚至是不自觉的微小的体态语言都会给对方产生强烈的印象,如说服者在对话中不自觉地低头或将视线移开,语气的犹豫,用词的模糊,都会使对方自然而然地产生感觉:"他不信任我,一定隐瞒了什么!"或是:"这小子目中无人,根本不把我当回事!"这样的话,说服的难度就会大大增加。因此,说服沟通过程中,应该处处注意激发并保持亲近、融洽的气氛,以便于说服活动的逐步深入。例如可以在对话中多用"我们""我们大家",或者在闲聊中谈及自己的私事或个人的生活细节,稍稍偏离说服的主题,也可以使对方产生更亲密更贴近的感受。

你对别人越信任,别人也会给你更多的信任。对别人的信任和友好,实际上是对其积极行为的强化,会大大地激发其可信行为的重复,也制造了更多的融洽,别人会投桃报李,给你更多的信任。这样,所进行的说服工作也会事半功倍。

👁 运用他人最熟悉的语言

试想一场以论者自我为中心的群体讨论吧！你的论述如果只有你一个人懂，那么即使话题再生动有趣，别人也不会应和你，并加入讨论。如果不想把与对方的交流变成你自己的独角戏，那么，就要多运用一些别人的经验在你的谈话里。

阿莫斯·科明18岁时第一次到纽约来，他只想到一家报社去做编辑。当时，纽约有成千上万的失业人员，几乎所有的报社都被求职的人挤满了。在这种情况下，科明是很难达成他的愿望的。

科明在一家印刷厂做过几年排字工人，这是他所有的也是唯一的工作经验。但是，他知道，和他一样，《纽约论坛报》的老板霍勒斯·格里利幼年也在印刷厂里做过学徒，所以，科明决定先去《纽约论坛报》试试。科明想，格利莱一定会对与他有相似经历的人感兴趣的。他是对的，他果然被录取了。

他十分容易地让格利莱相信他是值得雇用的。正如卡耐基的成功一样，科明完全是因为能巧妙地借用格利莱自己的经验来达到目的的。

这种方法也是十分简单的。比如，当我们看见一种新式飞船时，我们想让他人相信这飞船令人惊异的长度，于是，当你想说给街上的行人听时，你就得说它有三个街区那么长，或说它有从榆树街到林肯街那样长。这些人经常在街上走,所以你一说,他们就知道飞船到底有多长。如果你想说给一个纽约人听,你就得说飞船的长度和42号街上新建的克莱斯勒大厦的高度一样。因此,我们想让他人完全理解自己的语言时,一定要引用他人的经验才行。

很多时候,除非你能引用他人的经验去让他理解你所说的话,否则,他甚至不知道你在说什么。确实是这样,有些人只有在自己的经验范围内才能理解他人的话。因此,与这种人交流时,如果不能迅速引用他们自己的经验,他们也不会了解你想要表达的事物。这是因为,大部分人都很懒惰,懒得动脑去思考问题,如果他们从一开始就不明白你在说什么,那么,他们可能就永远也不会明白了。所以,当一个聪明人想把自己的想法和意见说给他人听时,他总会想方设法地运用对方所熟悉的语言,使其能迅速理解自己想说的话。

一次,许多摄影记者把石油大王洛克菲勒的儿子和三个孙子包围住了。本来他们是出去旅行的,洛克菲勒的儿子不想让孩子们的照片曝光,那么,他会当场严词拒绝吗?不会!如果这样做,他还是聪明的洛克菲勒的儿子吗?为了不让那些摄影记者扫兴,同时又达到自己的目的,他就想方设法让他们情不自禁地同意他的意见,他不把他们当新闻记者,而是当成一名父亲或将要做父亲的平常人,与他们交谈着。他合乎情理地提出自己的意见,把小孩子的照片登在大众读物上对儿童的教育是不利的。这些记者也认为他的想法是十分有道理的,最后就很客气地告辞了。

在查尔斯·布朗的故事中我们也可以看到这种简单而有效的策略。本来,查尔斯·布朗是一名船长,后来,他成了全球最大的玻璃工厂匹兹堡平板玻璃公司的总经理。

创业初期,他在明尼阿波利营做着彩色玻璃的生意。当时,有一家同行与他一起竞争一笔大生意,因为他能及时了解买主的特殊经验,他获得了成功。

这份合同的决策者都是美国西部的人,因此,布朗故意做了一份粗率而狂放的计划书,而他的竞争对手却恰恰相反。最后,布朗拿到了这份合同,因为他充分利用了买主的经验。

伊万杰林·普斯女士也运用过相同的策略,在与顽固的犯人交谈的几分钟时间里,她就能让犯人泪流满面地低头忏悔。

沃尔多·沃仑记载道:"她一开始就谈犯人幼年的事,以勾起犯人对美好纯真的童年的怀念。也许,犯人能应付那些外来的高压,如威胁、刑罚等,可他们却不能抵抗那些浮现于内心的种种回忆。"

美国著名的探险家拉·撒里,他一开始也因为被印第安人仇视而遭遇了很多挫折。后来,他学会了用印第安语以及印第安常用的特殊语言与他人交流,受到了其中一个部落的欢迎,最后在当地人的帮助下,他终于完成了历史上著名的墨西哥湾旅行。

亨利·桑敦是美国铁路专家，他之所以能在英国坐上大东铁路公司总经理的位置，就是因为他在一个恰当的时机，巧妙地说了一句他人常说的成语。

在他刚刚就任之时，他发现别人对他很冷漠，他自己就像处在"雾都"五月的寒霜中一样。原来，他曾说过："任何英国人都没有担任此职的资格。"这句话使英国人十分愤怒。因此，英国人对他十分不满。但是，这位后来的加拿大国有铁路公司的局长只用了一个小小方法就将人们的敌意消除了。在英国人面前，他用英国人的成语，迎合他们的口味发表了一次公开演说。在演说中，他特意说，自己到英国来任职只是想有个"户外竞技的机会"罢了。

多年来，约瑟夫·乔特都是纽约律师界的领袖，他的雄辩家地位从来未有过一丝动摇。这恰恰就在于他善于在演说中运用这种策略。

有一个艺术学校是以陶瓷为主要科目的。乔特在这个学校一开始演讲就说自己是校长手里的一堆"陶土"，接下来，他就开始讲述自巴比伦及尼奈梵时代以来的陶瓷简史。

在他担任一家钓鱼俱乐部主席时，一开始演说，他就把自己比喻成被俱乐部的职员放进来的一尾"怪鱼"，也许，他这尾"怪鱼"会让他们的钓鱼失败。这样打趣自己之后，他才接着讲英国渔业委员会在繁殖江河鱼类方面所做出的突出业绩。

他在英国一所学校里演说时，就列举了许多从这个学校毕业的大人物，以此证明在教育方面，美国是远远不如英国的。

总而言之，他的所有演说总是集中在他人感兴趣的事物上。

民主党领袖阿尔·史密斯十分擅长此道，他的语言和题材都源自不同的听众，无论是在大学里演讲还是在纽约的政治集会上提出见解时。

优秀的雄辩天才菲利浦斯曾说："雄辩的第一意义便是以听众的经验为自己演讲的根本出发点。他所演说的内容十分符合听众的口味。"

菲利浦斯说："演讲者愈能将自己的思想融入听众的经验中，就愈容易达到目的。"他还说："我跟朋友说我的邻居买了一车紫苜蓿。我这位从未见过紫苜蓿的朋友对此十分困惑。因此，我又说：'紫苜蓿是一种草。'于是，他马上就对紫苜蓿有了一个大体的印象。这样，经过我一补充，这句话就变得十分容易理解了，这是因为说者将解释融入了听者的经验之中。"

菲利浦斯还举过一个相似的事例："当我的朋友踏入家门之时，天气十分晴朗。一小时后，我走出门说快要下雨了，开始，他不相信我的话，我告诉他，西方乌云滚滚，闪电划空，冷风四起，他便信了我的话。我是如何说服他的呢？我只是向他说了乌云、闪电和狂风三种事实而已，而这三种事实是与他之前经历过的风雨即将来临时所有现象都相同。因此，他便信了我的话。"菲利浦斯得出一个结论：如果要他人相信你，关键是要列出与听者的经验相似的事实。

👁 抛出实在利益，没有人能够拒绝你

人们任凭你口头狂轰滥炸，都无动于衷，那是因为语言的诱惑等于"口说无凭"，而当利益"眼见为实"地摆上台面，相信很多人就会把持不住了。

在生活中，人们常用晓之以理、动之以情的方法来说服他人。但事实证明，有时情不一定能打动人，理也不一定能说服人。此时，就要想到以利服人——对方之所以不服，无非是为了某种利益，只要将其中的利益说开了，对方的心理防线也就被突破了。

齐国孟尝君田文，又称薛公，用齐来为韩、魏攻打楚，又为韩、魏攻打秦，而向西周借兵求粮。韩庆（韩人但在西周做官）为了西周的利益对薛公说："您拿齐国为韩、魏攻楚，五年才攻取宛和叶以北地区，增强了韩、魏的势力。如今又联合攻秦，又增加了韩、魏的强势。韩、魏两国南边没有对楚国侵略的担忧，西边没有对秦国的恐惧，这样，辽阔的两国愈加显得重要和尊贵，而齐国却因此显得轻贱了。犹如树木的树根和枝梢更迭盛衰，事物的强弱也会因时而变化，臣私下替齐国感到不安。您莫如使敝国西周暗中与秦和好，而您不要真的攻秦，也不必要向敝国借兵求粮。您兵临函谷关而不要进攻，让敝国把您的意图对秦王说：'薛公肯定不会破秦来扩大韩、魏，他之

所以进兵，是企图让楚国割让东国给齐。'这样，秦王将会放回楚怀王来与齐保持和好关系（当时楚怀王被秦昭公以会盟名义骗入秦地，并被扣押），秦国得以不被攻击，而拿楚的东国使自己免除灾难，肯定会愿意去做。楚王得以归国，必定感激齐国，齐得到楚国的东国而愈发强大，而薛公地盘也就世世代代没有忧患了。秦国解除三国兵患，处于三晋（韩、赵、魏）的西邻，三晋也必来尊事齐国。"

薛公说："很好。"因而派遣韩庆入秦，使三国停止攻秦，从而让齐国不向西周来借兵求粮。

韩庆游说的根本和最初目的就是让齐国打消向西周借兵求粮的念头。他的聪明之处是没有直接说出这个目的，而是以为齐国的利益着想、为齐国的前途考虑为出发点，在为齐国谋划过程中，自然地达成了自己的目的。所以在说服他人时一定要以对方为出发点，要让他明白各种利害关系、挑明他的利益所在，然后再关联到自己的目的和利益。

下面介绍几种以利益说服他人的技巧。

一、直陈后果，以利制人

此方法，就是直接告知被说服者，不接受劝说，就会失去某种"利"，从而以一种强制性和不可抗拒性使对方接受。

丁某在一机关单位上班，由于他自视有靠山，常常置单位规章制度于不顾，迟到、旷工、上班时间吵闹等恶习不改，影响极其恶劣。为此，好几任机关领导虽然都曾找丁某苦口婆心地谈过话，但都因方法不当或力度不够而没有解决——情与理的说服遇到了阻碍。新领导上任，直接找到丁某办公室，当着众人的面警告："我已经宣布了单位新的规章制度，甭管是谁，如果违反，丑话说前头，我就先'烂掉'这根出头的'橡子'——咱们单位人满为患，需要精减人员。我说得出，也能办得到，不信就试一试！"丁某从没听过这么坚定有力的"威胁"话语，哪里敢再试？结果，新领导没有讲什么道理，就根除了丁某的恶习。其解决的关键就是"利益"发挥了作用——谁也不想丢掉自己的饭碗。

二、对比利害，以利喻人

直陈后果固然可以强制人服从，但它只适用于那些比较顽固不化的人身上，对于大多数人来说，还是要通过使其心服来主动听从说服者的意见。这就需要说服者从"利""害"两个方面阐明利弊得失，通过利与害的对比，清楚明白地分析出何轻何为重，向被说服者指出如何做更有利，更易于被说服者接受合理的意见和主张。

有一个人很不满意自己的工作，他愤愤地对朋友说："我的领导一点也不把我放在眼里，改天我要对他拍桌子，然后辞职不干。"他的朋友不希望他辞职，就问："你对那家贸易公司完全弄清楚了吗？对他们做国际贸易的窍门完全搞通了吗？"他回答："没有！"他的朋友建议说："君子报仇十年不晚，我建议你好好地把他们的一切贸易技巧、商务文书和公司组织完全搞通，然后再辞职不干。你用他们的公司做免费学习的地方，什么东西都通了之后，再一走了之，不是既出了气，又有许多收获吗？"由于他的朋友从分析"现在就辞职的利弊得失"入手，从维护他的利益出发，进行分析，提出建议，最终那人听从了朋友的建议。

三、结合情理，以利动人

有时候，单纯的"利"难免给人以贪利庸俗之嫌，最好是在对被说服者利益尊重和认同的基础上，将利与理、情有机结合起来论事说理、条陈利害。

著名体操运动员李宁，在"退役"时面临很多的选择：广西体委副主任职位；年薪百万美元的外国国家队教练；演艺界力邀李宁加盟，那是明星偶像之路；健力宝公司也有招募之意。李宁举棋未定。健力宝公司总裁李经纬再次面见李宁，他先谈起一个美国运动员"退役"后替一家鞋业公司做广告，赚钱后自己搞公司，用自己的名字命名公司和鞋的牌子，成功得很，引起李宁若有所思。然后从李宁想办体操学校的理想入手，分析说："要是你想靠国家拨款资助，不是不可以，但许多事情不好解决。与其向国家伸手，不如自己闯条路子。所以我认为你最好先搞实业，就搞李宁牌运动服吧。赚了钱，有经济实力，莫说你想办一所体操学校，就是办十所也不成问题。"这番话使李宁的心为之一动。见时机已经成熟，李经纬提出："请你考虑一下，是不是到健力宝来？我相信只要我们携手合作，绝对不会是 1 + 1=2 这样简单的算术。从另一个角度说，就目前，恐怕也只有健力宝能帮助你实现这个理想。我那时创业，走了不少弯路，你应该也不至于从零开始吧，那实在太难。你到健力宝来，我们是基于友情而合作，健力宝也需要你这样的人。"面对李经纬的热情、诚恳和一次极好的发展机会，李宁终于决定到健力宝去。

李经纬劝说李宁时，突出地表现了对李宁切身利益的关注，论证了李宁到健力宝公司的有利性，同时又充分表现了朋友般的拳拳之情，非常有人情味，从而打动了李宁，也实现了自己的劝说目的。

◉ 从他人最感兴趣的事着手

"要迅速和与你不相干的人和事情建立起关系，特别是和名人，大事件有所牵连。"这好像是每个渴望成功的人梦想中的捷径攻略。要获得这样的机会不是不可能，前提是要摸清对方兴趣所在，才能提高获取交流机会的概率。

爱德华·博克是《妇女家庭杂志》的著名编辑。13岁时，他给当时的每位名人都写了一封信，引起了他们的注意。当时，他只是西联电报公司里一个送电报的小孩而已。可他没费什么力气就与众多名人交了朋友，比如格兰特将军夫妇、拉瑟福德·海斯、休曼将军、林肯夫人、杰斐逊、戴维斯等人。在博克的众多朋友中，拉瑟福德·海斯后来当选为美国总统。博克初创《伯罗克里杂志》时，拉瑟夫特在头版发表了一篇文章，使杂志的身价倍增，一路看涨，销量大大提高。

在这个世界上，许多人都盼望着那些地位显赫的大人物能在百忙之中注意一下自己，如果没有合适的方法的话，这种渴求也只是一个遥不可及的梦罢了。

年轻的爱德华·博克却十分幸运，他与这些大人物交上了朋友，很明显，这些友谊对他的人生有很大的作用。

他给大人物们写的信都很特别。为了加大信件的针对性，他熟读名人的传记，熟悉了每位名人的性格。这样，他写的信自然就很有吸引力，因而也深深地打动了那些名人。

彼亚特回忆道："博克想核实一下伟人传记中的一些事情，于是，他就凭着孩子特有的真诚直接写信去问加菲尔特将军，问他小时候是否真的做过纤夫。同时，他还将写这封信的原因向将军一五一十地道明。不久，将军客气地回复了他，详细地回答了他的问题。他从将军的回信中受到了不少鼓舞，他还想得到其他名人的书信，不只是为了能得到他们的手迹，更重要的是，他想从名人的回信中学到一些对自己有益的知识。"

"因此，他又开始写信了。他不是追问那些伟人们做事的理由，就是询问他生平最重要的事情或日期……还有几个人欢迎爱德华去做客。所以，每当那些与他通过信的名人来到伯罗克里时,他都登门致谢,以示敬意。"

我们都想让那些自己不曾有机会接触的大人物注意到自己,我们都想攻克这些重要的"碉堡",可我们有哪些良枪良炮呢?我们能否像博克一样去从他人的事情中寻找属于自己的"枪炮"呢?

要想打动他人,首先应该赢得他人的注意,并牢牢抓住这个机会。

这是博克成功的所在,他运用了所有能干的人所常用的策略达到了自己的目的:以每位名人最感兴趣的事作为出发点去接近他们。

安德鲁·卡耐基能在事业陷入生死存亡的关头奇迹般地扭转溃败的局面,除了他的好运气之外,大部分是因为他成功地运用了这一策略。当时,有一笔规模很大的铁路桥梁工程的生意几乎快被别人抢去了,卡耐基眼睁睁地看着他将失去这份巨额合同。

他想尽了一切办法,想让桥梁建筑公司的决策层改变主意。当时,人们对于熟铁好于生铁这一重要事实并不了解,于是,卡耐基就以此为突破口,开始了他的行动。据卡耐基说,那时,仿佛是上天注定一般,发生了一件出乎意料的事情,给了他一个绝妙的机会。一位管理人员在黑暗中驾驶一辆马车时,不小心撞到了一根生铁做的灯柱上,发生了惨剧。

卡耐基马上作出反应。他说:"大家看见了吧?如果灯柱是用熟铁做的,这样的惨剧就不会发生了。"于是,在事实面前,他们相信了卡耐基的说法,他得到了为他们详细解说为何熟铁比生铁好的机会。

在那些决策人已经准备接受那家公司标价的关键时刻发生了这样的事,而卡耐基竟然在如此短暂的时间里从竞争对手那里抢过了这笔大生意。他及时而恰当地运用了与爱德华·博克同样的方法:从管理人的切身经验中寻找让自己脱颖而出的机会,最终达成目标。

当我们和他人交谈时,如果发现对方的眼神在游移,同时感觉到他们的注意力并不在我们身上之时,也许是因为我们忽略了这个策略。这时就要及时改变交谈策略,去关心对方的经验和体会,从对方特别感兴趣的东西入手。

◉ 用对方的观点说服他最有效

"以其人之道还治其人之身",这句老话也可以用在与对方的过招中。什么样的招式都没有以对方的招式武装自己来得更具杀伤力。当你拥有对方的思路和策略,那么想要征服对方的目标已经开始实现。

汽车大王亨利·福特曾说:"从我和他人的很多经验中可以看出,那个所谓成功的策略就是从他人的角度去考虑问题,用'推己及人'的思维去看待各种事物。"原通用电气公司总经理欧文·扬也说过:"那些拥有光明前程之人,恰恰是那种有易地而处的思维,能够探究和关注他人心理的人。"

亨利·福特和欧文·扬在这两句话中已经完全抓住了我们在上文中讲过与人相处的要领了。福特用"推己及人"四个字说明了人与人之间的不同之处:人们各有各的需要、问题、偏见和独特的趣味、经验。如果我们想把握住他人,就要从他人的观点出发去接近他们才行。

其实,这个要点也十分简单。只要我们在说话时稍微注意一下说话的时机和内容就可以了。

你知道卡耐基的弟弟和善良的老人派伯的有趣故事吗?

卡耐基启斯东桥梁公司有一位股东叫派伯。他十分妒忌卡耐基的其他事业,如专为桥梁公司供铁的钢铁厂等。为此,他们还争吵过许多次。一次,派伯以为一份合同抄错了,于是就表示出对卡耐基的弟弟十分不满意。

其实,派伯是想弄清楚合同中所写的"实价"二字的意思。价目表上标的是"实价"的字眼,可当交易顺利结束时,没有人提到"实价"这件事。卡耐基的弟弟对此是这样说的:"哦,派伯,那是不需要再加钱的意思。"派伯满意地答道:"哦,那就好。"

卡耐基评价这件事说:"很多事都是要这样解决的,如果说'实价即不打折扣',也许就会马上引起纷争。"卡耐基的弟弟以对方能够了解的方法迎合了派伯的心思。

以下这个小故事就说明了一个运用语言来感化他人的道理。

纽约的著名律师马丁·里特尔顿以雄辩而闻名。他也十分清楚地解释过这个原理："如果不能令与我们交谈的人提起兴趣，或者不能将其折服，也许就是因为我们不能站在对方立场去考虑问题的缘故。"

只要是推销过商品的人都知道，一个想法是否成功不只由那个想法本身的性质决定，很大程度上还要看你是以怎样的态度去向他人展示你的想法。

当威尔逊总统为组织国联而游说欧洲各国时，豪斯上校就用一个小方法使威尔逊说服了法国政府。豪斯在威尔逊与那位绰号叫"法国老虎"的克莱·门索会晤的前10分钟贡献了一个尽管很小、但却十分聪明的主意。他建议威尔逊把先谈海洋自由问题作为说服法国的方法，因为这是法国急需解决，而与国联又密切相关的事。

果然，克莱·门索对此十分感兴趣，后来他终于支持成立国联。威尔逊之所以能赢得"法国老虎"的支持，完全是因为他告诉后者国联可以满足他的某种需要，从而把自己的计划与克莱·门索的观点融合在一起。

"以其人之道还治其人之身"是说服别人的灵丹妙药，可是我们总是不能运用这一法宝，因为我们总是忘记思考问题。比如，在出席一个集会之前，我们是不是总会考虑自己该说什么呢？我们是否能顺着对方的兴趣来表达自己的意见呢？是否能顾及他人的最急切的需要呢？在向上级汇报之前，在见一位顾客之前，在与一个同事交谈之前，在召见一个下属之前，有多少人能真正地考虑过这些人的需要呢？多纳姆说，有一次一位很能干的推销员曾经说过一句十分有道理的话："如果我们在拜访一个人之时，不知道应该对他说什么，也没想过要观察他的兴趣和思想，以及他会怎么回答我们的话，就鲁莽地冲到他的办公室，这种做法是非常不明智的。你不如在他办公室外考虑两小时，然后再去敲人家的门。"

多数派容易形成压力

当两个人统一口径诱使某人采取求同行为时，几乎没有人会做出错误选择。如果人数增加到三人，求同率就迅速上升。从众心理与从众效应在生活中随处可见，多数派容易形成压力，具有说服别人的力量。

战国时代，互相攻伐，为了使大家真正能遵守信约，国与国之间通常都将太子交给对方作为人质。《战国策·魏策》有这样一段记载：

魏国大臣庞葱，将要陪魏太子到赵国去做人质，临行前对魏王说：

"现在有一个人来说街市上出现了老虎,大王可相信吗?"

魏王道:"我不相信。"

庞葱说:"如果有第二个人说街市上出现了老虎,大王可相信吗?"

魏王道:"我有些将信将疑了。"

庞葱又说:"如果有第三个人说街市上出现了老虎,大王相信吗?"

魏王道:"我当然会相信。"

庞葱就说:"街市上不会有老虎,这是很明显的事,可是经过三个人一说,好像真的有了老虎了。现在赵国国都邯郸离魏国国都大梁,比这里的街市远了许多,议论我的人又不止三个。希望大王明察才好。"

魏王道:"一切我自己知道。"

庞葱陪太子回国,魏王果然没有再召见他了。

"市"是人口集中的地方,当然不会有老虎。说市上有虎,显然是造谣、欺骗,但许多人这样说了,如果人们不是从事物真相上看问题,也往往会信以为真的。

这故事本来是讽刺魏惠王无知的,但后世人引申这故事成为"三人成虎"这句成语,乃是借来比喻有时谣言可以掩盖真相的意思。但这个故事同时也向我们揭示了这样一个道理:当多数人都认定同一件事情时,这势必会对判断者造成一定的压力。

说服别人或提出令人为难的要求时，最好的办法是由几个人同时给对方施加压力。那么为了引发对方的求同行为，至少需要几个人才能奏效呢？

　　实验结果表明，能够引发同步行为的人数至少为3～4名。当两个人统一口径诱使某人采取求同行为时，几乎没有人会做出错误选择。如果人数增加到3人，求同率就迅速上升。效果最好的是5个人中有4人意见一致。人数增至8名或15名，求同率也几乎保持不变。但是，这种劝说方法受环境的制约较大，在一对一的谈判中或对方人多时就很难发挥作用。当对方是一个人时，你可以事先请两个支持者参加谈判，并在谈判桌上以分别交换意见的方式诱使对方做出求同行为。

　　在纸牌游戏中，经常能看到这种现象。纸牌游戏一般由4个人参加，在游戏过程中如果时机成熟，有人会建议提高赌金或导入新规则，同时也会有人提出异议，这时如果能拉拢其他两人，三个人合力对付一个人，那么剩下的那个人会因寡不敌众而改变自己的主张，被多数的力量说服。

　　孔子的学生曾参是战国时一个有名的学者，至孝至仁，在道德方面是无可挑剔的。他的母亲对儿子极为了解。有一次，曾参有事外出未归，碰巧一个与他同名的人杀了人被抓走了。一位邻居急忙报信给曾母："你的儿子因为杀人被捕了。"曾母连连摇头，相信曾参不会杀人，所以依旧织自己的布。不一会儿，另外一个邻居跑来对曾参的母亲说："你的儿子杀人了。"

曾参的母亲开始有些怀疑了，但仍然不信自己的儿子会杀人。不久第三个人对曾母说："你的儿子杀人了，你赶快跑吧，不然官府就要来抓你了。"话音刚落，曾母已经扔掉织布的梭子，准备翻过墙头去逃难了。

从众心理是指人们改变自己的观念或行为，使之与群体的标准相一致的一种倾向性。也许有人说，我是个意志坚强的人，不会随便改变自己的观念。但是，当大家众口一词地反对你时，你还能坚持自己的意见吗？

社会心理学家所罗门·阿希做过一个比较线条长短的实验。在实验中，有1个大学生，还有6个研究者参与实验（大学生并不知道这些人是研究者），大学生总是最后一个发表意见。

当线条呈现出来后，大家都做出了一致的反应。之后呈现第二组线条，6个研究者给出了完全错误的答案（即故意把长的线条说成是短的）。这时，最后一个发言的大学生就十分迷惑，并且怀疑自己的眼睛或其他地方出了问题，虽然他的视力良好。

迫于群体压力，他还是说出了明知是错误的答案。人们为了被喜欢，为了做正确的事情必然表现出从众行为。那么，在什么条件下人们会从众呢？

1. 当群体的人数在一定范围内增多时，人越多人们越容易发生从众。"三人成虎"，说的就是这种情况。不过当群体的人数超过一定的数量时，从众行为就不会显著增加了。

2. 群体一致性。当群体中的人们意见一致时，人们的从众行为最多。如果有一个人的意见不一致时，从众行为就会低至正常情况的四分之一。

3. 群体成员的权威性。如果所在的群体里都是著名的教授，那么即使他们说出了明显错误的事情，自己也会好好思考一下；如果所在的群体里是普通人，当他们说出明显是错误的事情时，自己肯定会立刻反驳。

4. 个人的自我卷入水平。无预先表达即自我卷入水平最低；事先在纸上写下自己的想法，之后再表达——自我卷入水平中等；公开表达自己的想法表示自我卷入水平高。实验证明，个人的自我卷入水平越高，越拒绝从众。

简单说来，从众即是对少数服从多数的最好解释。不过，这种服从是少数派心甘情愿地服从。

从众效应是指人际交往中个人受群体影响自动服从群体的效应。日常生活里，人们经常表现从众行为倾向，即受周围多数人的影响，自动选择多数人愿意做的事去做。

例如，在一条人头攒动的繁华街道上，有人站立在那里使劲朝上张望，不一会儿便吸引周围的人停下来一起张望，即使许多人并不知道为什么而张望，也会不知不觉地看上几眼，后来停下来张望的越聚越多，形成一群人一起在张望。

其实这样类似的事情，在日常生活中并不少见。社会心理学家指出，人们普遍具有从众心理的原因：一是从众行为使人获得安全感，多数人同意做的事即使错了也比一个人做错事要好；二是从众行为容易为群体所接受，任何人的生存都离不开群体，希望自己为群体所接纳，而不愿被群体所排斥。

按照正确的社会规范、群体要求的从众行为是积极的。人际交往中的从众心理，在不同人身上表现不同。自信心较强和个性较突出的人从众心理较为淡薄，自信心不足和个性随和的人从众心理较为明显。

社会心理学家关于从众行为性别区别的研究证实，女性一般比男性从众性高。许多不同条件下的实验结果表明，女性从众率为35%，男性从众率为22%。女性从众率高的原因是女性较男性易于遵从于群体的压力，也由于女性更倾向于维护群体的凝聚力。

⊙ 利用权威人士帮你说话

人天生有服从的需要，对权威会有本能的相信。善于用语言征服别人的人，常常会引用名人或权威者的话，来提高自己言论的价值。但在利用权威帮你说话时，也要注意利用好人们的依赖心理，把对方厌烦心理控制在一定的范围之内。

在说服别人的时候，抬出权威来说话，这就是权威说服法。利用权威能使你的说服工作顺利进行，事半功倍。假如你知道怎样运用权威，你就可以很顺利地成为胜利者。

利用人们相信权威的心理进行说服的例子很多，在日常生活中也随处可见。比如有些推销人员在卖人寿保险的时候，他们喜欢提到权威人士。他们说："过去有五位总统都买了我们公司的人寿保险。""你们公司的经理也买我们的人寿保险。"大家会说："噢，我们公司的经理那么精明能干，他都买你们的人寿保险，看来你们的人寿保险是不错，买吧。"一些推销员并没有经过很深的判断，但他就这么做了。这就是利用了人们相信权威的心理。

很多时候国内请一些国外的人来做报告，其实国内有些方面的技术水平并不一定比国外的差，但是外来的和尚会念经，大家的权威心理在作祟；另外，也希望听一听外面的人的意见，这也是一种权威心理。

有的时候没有这种权威人士给你做宣传，那怎么办呢？利用权威机构的证明。权威机构的证明自然更具权威性，其影响力也非同一般。当客户对产品的质量或其他问题存有疑虑时，销售人员可以利用这种方式来打消客户的疑虑。例如："本产品经过××协会的严格认证，在经过了连续9个月的调查之后，××协会认为我们公司的产品完全符合国家标准……"

除了利用权威机构的证明外，我们还可以使用确凿的数字和清晰的统计资料。很多有经验的商人都会说："这家工厂利用了我们这个机器产量增加20%，那个工厂利用了我们的计算机效率提高了30%。"然后把这些数字，很系统地给新客户看，新的客户很容易地就接受了。有的时候，产品刚刚出现，统计数字还太小，他们还有一种方法，就是用前面的顾客买了他们的产品觉得满意写来的信函做宣传，这个时候，这种做法对新顾客，对一些小的公司也起一定的影响作用，这就是权威的心理。

善于用语言征服别人的人，常常会引用名人或权威者的话，来提高自己言论的价值。人们对事物的看法常常是带有偏见的，无论是什么，只要有权威人士或有名气的人捧场，大都会认为是上品，纵然是以前根本名不见经传的，也会有很多人去购买。这是一种错觉，人们往往会将推荐的人和推荐的东西混为一谈。这种心理现象，经常在日常生活中发生。如电视的商业广告或其他宣传海报，常聘请名人或权威者来宣传，便是利用人们的心理。电视广告可以反复播送，商品的特性便深深印在观众的心里。

但使用这种技巧，必须恰当。电视的商业广告，在宣传商品特色时，如果和标语不一致，会得到相反的效果。譬如，以制造健康酒为主的中药厂商，为了扩大营业，利用电视广告做宣传，他们打破传统的做法，提出现代化的卫生工厂设备，及聘请有名的演员做宣传，想抓住年轻阶层。结果，却完全失败。因为，无论男女老幼对健康酒的一贯传统，是要求信赖感和安心感，绝不是在求其合理性或新鲜度。

总之，引用名人或权威者以提高产品知名度时，先要能正确地把握对方的期待、对方的弱点，才能发挥最佳的效果。

怎样运用权威非常重要，因为它足以反映你能把人际关系处理得如何，还有你怎样引导对方努力朝向一个共同的目标——你的目标。也许你认为没什么必要使用权威，但了解权威怎么发挥它的力量对你却大有帮助，特别是当它挡住了你的路时。

无论何时你宣扬权威，同时你也是在宣扬你的领导权、你的可信任性，以及你的不易犯错（某种程度的）等特性。你在说明你是对的，你的想法要被遵循，同时，你也是在冒险。如果你没有成功的话，你可能会发现你不只输了一场比赛，还有别人对你领导能力的信心。若你误用了权威，别人会知道，而且会把你的失败加以夸大。出了纰漏的说服者可能会发现，以前对他忠实的跟随者正在背叛他。

身为权威者要知道他力量的来源，而且还要知道怎样去处理他在别人身上激发的情感。权威者之所以是权威者，原因是别人相信他是。在某些方面，所有的权威都会让人想起自己的父母。小孩子相信他们的父母是强壮的、对的、无所不知的，因为孩子需要强壮、正确，又无所不知的父母。成人了之后，人们会把这种古老的尊敬、恐惧和愤怒的感情投注在权威者身上，赋予他相当的力量。

第六章

他的身体"说"出了真话

—— 如何第一时间识别对方的谎言

👁 面部表情会泄露说谎人的内心秘密

极细微的表情展现常常是我们识别谎言的关键之所在，皱眉，眨眼，撇嘴，吐舌，通过观察这些脸部细微的表情，我们会捕捉到一个人真实情感的讯息，从而参透他的真心，揭开他伪装的面具。

识别谎言的一个关键线索就是微笑。说谎人的微笑很少表现真实的情感，更多的是为了掩饰内心的情感世界。研究显示，微笑并伴随着较高的说话音调是揭穿谎言的最有力的证据。

假笑缘于情感的缺乏。纯粹从形式上看，它甚至不能算作欺骗。由于缺乏情感，微笑时神情显得有些茫然，嘴角上扬，一副愉快的病态假象，好像在说："这绝非是我的真实感受。"

假笑的识别也许更为困难，而下面的六种面部表情会无意识地将一个人的假笑暴露无遗。

1. 笑时只运用大颧骨部位的肌肉，只是嘴动了动。眼睛周围的匝肌和面颊拉长，这就是假笑。因此假笑时面颊的肌肉松弛，眼睛不会眯起。狡猾的撒谎者将大颧骨部位的肌肉层层皱起来补偿这些缺憾，这一动作会影响到眼部，因此皱起松弛的面颊并使眼睛眯起，从而使假笑看起来更加真实可信。

2. 假笑保持的时间特别长。真实的微笑持续的时间只能在三分之二秒到4秒之间，其时间长短主要取决于感情的强烈程度。而假笑则不同，它就像聚会后仍不肯离去的客人一样让人感到别扭。这主要是因为假笑缺乏真实情感的内在激励，所以我们就不知道何时将其结束。其实，任何一种表情如果持续的时间超过5秒钟或10秒钟，大部分都可能是假的。只有一些强烈情感的展现如愤怒、狂喜和抑郁例外，而这些表情持续的时间常常更为短暂。

3. 对于绝大部分表情来说，突然的开始和结束就表明我们在有意识地运用这种表情。而只有惊奇例外，它一闪即过，从开始、保持到停止总的时间不会超过一秒，如果持续时间更长，他的惊奇就是装出来的。很多人能模仿惊奇的表情动作（眼眉上挑，嘴巴张大），但很少人能模仿惊奇的突然开始和结束。

4. 假笑时，面孔两边的表情常常会有些许的不对称。习惯于用右手的人，假笑时左嘴角挑得更高，习惯于用左手的人，右嘴角挑得更高。

表情来得太早或太迟都可能表明是一个欺骗的表情。例如，如果一个人说："我不是已经和你说过这件事了吗？"然后才勃然大怒，这多半是在欺骗，他的表情是矫揉造作出来的。面部表情和身体姿势应该同时发生，而不是在其之后才发生。又如，一个人砰砰砰地敲打桌面之后才表现出愤怒的样子，这实际上是装腔作势，是在演戏。隐藏的情感常常会在脸的上部暴露出来。当一个人悲哀、苦恼、痛苦和有负罪感时，眉毛的内角挑起，前额向中间皱起，不到15%的人能假装出这种表情。要装出恐惧和难过的表情甚至更难，做这些表情时眉毛挑起，双眉皱在一起，很易将秘密泄露，并且只有10%的人能装出这种表情。

几乎没有人知道，极细微的表情展现常常是我们识别谎言的关键之所在。有时在一瞬间，面部会突然冒出所隐藏的真实情感。

👁 即使脸上藏得住，身体却不说谎

肢体动作相较于语言来说，更不容易受大脑控制。这就是为什么我们总是做出一些"下意识"的动作。想了解对方真实的想法，就不能忽略他们的肢体语言。对方的身体也许会"不由自主"地告诉你一些不能说的秘密。

说不清是源于遗传还是后天学习或模仿，我们人类天生就拥有不用口语只用肢体动作就能互相沟通的本能。下意识地耸肩，交叉双腿的坐姿，不自觉地揉眼睛……其实都无声地向我们传递出了这人内心的秘密。可见，想要成功地看穿人心，要理解他人有声的语言，更要学会观察他人的无声信号，并能够在不同场合中正确使用这种信号。

观察对方的肢体动作可以透视对方的心理，这可不是天方夜谭。

曾经有一位年轻人同伯威斯德教授讨论文学作品，当教授询问到他对一本现代文学著作的意见时，年轻人一边说非常欣赏这本书，一边不由自主地揉着鼻子。伯威斯德教授哈哈一笑，一针见血地说："其实你根本不喜欢这本书。"年轻人一下子愣住了。他很佩服教授的观察力，却不清楚自己的回答哪里出了纰漏，只得窘迫地承认自己只读了几页，并不感兴趣。其实，不是他的回答，而是他揉鼻子的动作泄露了他的秘密。

千万不要小瞧了这些肢体动作，我们不加思索地伸手拿起桌上的杯子喝水，就会暴露我们的思想。这种不假思索的下意识行为更能暴露我们的真实想法，正是这些自己都无法控制的肢体动作在"说真话"。

事实上，只要我们了解了肢体动作、语言和表情的不同功能，就会明白肢体动作比语言和表情更容易让人了解一个人的想法。语言最主要的功能是用来传递信息，其次才是运用到社交活动，表情虽能根据情感自然流露，但是人为掩饰的痕迹很重，唯有肢体动作隐蔽性较差。比起语言和表情，肢体动作更能反映出一个人的内心，因为肢体动作受人的情绪、感觉、兴趣的支配和驱使，是内心状态的外部表现。

可以通过对方触摸的行为发现其撒谎的迹象。

一、触摸嘴

当人们在说谎的时候或者说别人坏话的时候，往往习惯用手捂住嘴巴。用手捂住嘴巴的动作有两种方式：一是用指尖轻触一下嘴唇；一是将手握成拳头状，将嘴遮住。无论哪种动作，都是为了掩盖自己说谎的真正企图，阻止嘴的活动给人以过分明显的表示，防止对方察觉出来。在说谎时，内心深处会有一种愧疚和害怕的心理，从而感到不安和不自在，这是人在说谎时的生理反应。为了克服自己的不自在心理，就用手捂住了嘴巴，掩饰自己，使自己镇静下来。因而，用手捂嘴原因有两个：一是控制自己，使自己镇静；一是掩饰自己，不让别人知道自己在撒谎。

二、触摸脖子

脖子也是人体传达信息的重要器官。用手摸脖子，或用手去扯衣领的行为也是说谎的表现。说谎时，大脑的消极思维会引起脸部和脖子的肌肉组织发痒，需要用手去搔痒，直接的方式便是用手去触摸。但是，当意识到对方已察觉出自己在说谎时，往往会很紧张，引起颈部出汗，拉一下衣领，使颈部周围的空气可以流通，这样可以消除发痒的感觉。

◉ 从身体姿势看穿谎言与大话

人的手势和姿势是了解谎言的又一窗口。即使是在静止的状态下，也能通过这些特定的象征性姿势，对对方有所了解。

手势是指用手和手臂表示出的各种动作姿势。姿势指以躯干为主体的身体的各部位做出的各种动作以及呈现出的不同状态。手势和姿势也可以发出情感和体态信号。

在交流的过程中，如果发现对方的手势比较多，但随着谈话的深入对方手部的动作减少了，那么表明对方可能已经在说谎了，因为当对方把注意力集中在自己讲话的内容上，身体动作变得不再是自发做出而是刻意做出的时候，这些身体动作就会明显减少。同时在下意识里，人们觉得挥动双手会把自己的秘密泄露出去，于是在说谎时就很可能也不自觉地把手藏起来，放到口袋里。

当人们说谎后担心谎言被拆穿，都会表现得很紧张、焦躁不安，就会将手背到身后掩饰心神不定的心理状态，或者互相紧握着，或者是握住另一只手的腕部以上的部位，握的部位不同，心情紧张的程度也不同。一般来说，握的部位越接近另一只手臂的肘部，他的紧张程度也就越高。当然在交谈中有很多人由于过于紧张，即使诚实地进行交流也会出现双手紧握的情况，所以需要结合多种体态语言进行分析和审视。

双臂交叉的姿势表示一种防卫的、拒绝的、抗议的意思，显示出矛盾、多种情况交互影响或紧张等心理因素的存在。当对方说谎时或害怕自己的谎言被拆穿时，总有一种防卫的心理，他不愿别人去接近或获得任何信息。在不便用语言表达时，他便采用某种姿势以示拒绝、抗议。

象征性动作是指在特定文化群体内具有精确含义的形体动作、面部表情或身体姿势。这些象征性动作对于其他文化群体的成员来说可能具有不同的含义乃至没有特殊意义。皱眉、点头、摇头和扬眉等都是象征性的动作。

象征性的动作具有地方色彩，在不同的地区和国家都会表示不同的含义，这就需要尽量多地了解对方所在的地方具有的这些象征性的动作以及含义。

象征性动作是非语言交流的独特方式，尽管它们通常处于个人意识的支配下，但有时也可能会超出个人的意志而不自觉流露出来。当一个象征动作与说话语义完全相反时，就表示对方的非语言行为出卖了他的谎言。例如，轻微地点头（表示肯定）可能就表明"否定"的言语是谎言；或者当对方说自己很感兴趣，但却收回张开放在桌上的双手，交叉抱在胸前，并把前倾的身子往回缩（表示拒绝和不感兴趣），可能表明对方刚才说的自己很感兴趣的话就是谎言。

👁 窥破他眼底深藏的真话

眼睛是心灵的窗口，虽然只占身体很小的一部分，但它传达讯息的能力不容小视。眼睛流露的丰富内容，使人与人之间的交流变得更加神奇。

很多人小的时候都曾经有过这样的经历：当母亲质问我们的时候，她常会说"如果你没有说谎，就看着妈妈的眼睛"。

从中可以看出，眼睛最容易流露人们的真实感情。

一、视线方向

眼睛的注视方向或视线能反映出人的心情和意向。眼睛斜视，被认为是说谎时常见的标志。比如，某位丈夫有心事不愿让妻子知道，但突然有一天，妻子诈他说："你到底做了什么蠢事，还想蒙混过关吗？"由于丈夫自己心虚，不敢正视妻子的眼睛，所以就战战兢兢地、目光斜视顾左右而言他。看到丈夫做贼心虚的表情，妻子就进一步确信了自己的猜测，并不停地追问，最后丈夫不得不"坦白"了……

当视线斜视的时候，常常被认为是有什么秘密不愿示人。视线斜视是"不想让别人识破本心"的心理在起作用。因为说谎而感到不安，所以试图尽可能地收集周围的信息以求转移不安或者找回安全感。

回避对方的视线常表明不愿被对方看穿自己的心理活动，

或心虚，或害臊，抑或是厌恶、拒绝。偷偷地看人一眼又不想被发觉，等于是在说："我不敢正视你，但又忍不住想看你。"视线闪烁不定或左顾右盼，常产生于内心不稳定或不诚实之时。

说到测谎，人们注意的最多的是"正视"。人们总是怀疑那些不敢对自己正眼相看的人，认为他们必定有某些事情需要加以掩饰。说谎本身就会使说谎者处于一种紧张状态，而视线与对方相会，看到对方那怀疑、探究的目光则更会引起心理紧张的加剧，因此说谎者会本能地避免与对方的视线相接触，以降低紧张程度。

二、瞳孔变化

瞳孔的大小变化也反映情绪活动的变化。当情绪激动时，瞳孔就会扩大，这种情形是说谎者自己无法控制的，而且说谎者往往也不会想到要花精力去防止或掩盖这一泄露秘密的细节。当然，瞳孔扩大只表明情绪激动，但究竟是什么样的情绪却不能仅由此得出结论，必须具体情况具体分析。

三、眨眼频繁的程度

人通常每分钟眨眼 5~8 次。眨眼这个动作是一种身不由己的反应，当人的情绪产生波动时，眨眼的次数就会明显增加。

因情绪的不同而产生的眨眼方式有连眨、超眨、挤眼等。连眨是指在单位时间内连续眨眼，通常是犹豫不决或考虑不成熟的表现，有时也是竭力抑制激动的表现。超眨是指那种幅度夸张、速度较慢的眨眼动作，它通常表示假装惊讶的戏剧性表情。

挤眼睛是一只眼睛给某人使眼色,表示两人之间有某种默契。它所传达的信息是:"你和我此刻所拥有的秘密,其他人无从得知。"在社交场合,两个朋友间相互挤眼睛,是表示他们对某个问题有共通的感受或看法。

如果一个人频繁地眨眼,那意味着他心中藏有秘密。眨眼次数增多,意在防止心中的秘密泄露。这是一种两难的抉择,既不想一直正视对方,又不想使自己分神,结果就采用了频繁眨眼的办法。过度频繁的眨眼行为,也有在对方面前隐藏弱点的意图。

一个人闭上眼睛,同关上门是一回事儿,都是不想让别人窥探自己内心真实想法的举动。由此可以推断,要窥破一个人内心的秘密,一个简单有效的方法就是盯着他的眼睛,读懂他眼睛流露出的真正想法。

从言辞看穿他的谎言

说谎,还是要从"说"开始。言辞是谎言表达的最直接方式,字眼的选择、口误、语速、声音的转折、停顿等,这些都是辨别真实与谎言的信号。

说谎者最为留意的正是说话时言辞或字眼的选择,因为他不可能控制和伪装自己的全部行为细节，他只能掩饰、伪装别人最注意的地方。

由于懂得人们注意的重点是言辞，因此说谎者常常谨慎地选择字眼，对不愿出口的话仔细加以掩饰，因为他们懂得"一言既出，驷马难追"。

另外，用言辞来捏造或隐瞒一件事情是比较容易的，而且也很容易事先全部写下来进行练习。说谎者还可以通过说话不断地获取反馈信息，以便及时修改自己的"台词"。

很多说谎者都是由于言辞方面的失误而露馅的，他们没能仔细地编造好想说的话，即使是十分谨慎的说谎者，也会有失口露馅的时候，弗洛伊德将之称为口误。

人们常会在言辞里违逆己意，同时在内心中潜抑着矛盾，以致稍一大意就会说出本不想说的或相反的话，从而在口误之中暴露了内心的不诚实。因此，口误的必然情形便是说话者要抑制自己不提到某件事或不说出自己所不愿说的东西，但又因某种原因而"说走了样"。口误可以说是一种自我背叛。

与口误相近的还有笔误。在很多情况下，笔误也是内心自我的一种走样的表达方式。有研究表明，人们在书写时比在说话的时候更容易发生错误，即使在一些极需庄重、严谨的情形下也概莫能外。面对书写（印刷）上的错误，人们常常难以确定谁是真正的祸首，尽管当事人多半会以"意外差错"或"技术性错误"等借口来加以解释，然而其中往往潜伏着内心冲突甚至"别有用心"。笔误产生的原因，是人们在书写的时候，思绪常常会因为内心潜抑的思潮而游离笔端，或者联想到其他事情，只要稍不注意，这种思想就会悄然侵入笔端，造成笔误。

通过语速也可以判断一个人是否说谎。例如丈夫做了亏心事，妻子质问的时候，为了隐瞒这些事，他就会向妻子编些好听的瞎话，不自然地套近乎，讨好妻子。人们在说谎或者隐藏不安情绪的时候，总是想转换个话题。由于心里七上八下的，所以说话时的语速会发生变化。平时少言寡语的人突然做作地高谈阔论起来，我们就可以据此推测这个人藏有不可告人的秘密。平时快人快语的人突然变得沉默寡言，我们就可以据此推测这个人很可能想要回避正在谈论的话题，或者对谈话对象怀有敌意和不满之情。

当你要判断一个人说话时的情绪和意图时，固然要听他究竟说些什么，但是在许多情况下更要听他怎样说，即从他说话时声音的高低、强弱、起伏、节奏、速度、转折和停顿中领会"言外之意"。

当说谎是为了掩饰恐惧或愤怒之感时，声音通常会比较大也比较高，说话的速度也比较快；当说谎是为了掩饰忧伤的感受时，声音就会与之相反。那种担心露馅的心理会使声调带有恐惧感；那种"良心责备"的负罪感所产生的声调效果会与忧伤所产生的极为相近。

人在说谎的时候，另一常见的言辞表现便是停顿，如停顿得过于长久或过于频繁。

根据有关研究，说谎者说谎时流露出的各种语言信号的发生率，如下所示：

1. 过多地说些拖延时间的词汇，比如"啊，那"等这些词占40%。
2. 话题转换，比如"因为临时有事，在那天去不了"。
3. 语言反复，例如，"本周的星期天吗？星期天要加班？"
4. 口吃，例如，"什，什么？"
5. 省略讲话内容，欲言又止。
6. 说些摸不着头脑的话。
7. 说话内容自相矛盾。
8. 偷换概念。

以上信号中，如果在对方讲话时有好几处得以验证的话，那就表明十之八九他是在说谎或者是有难言之隐。

◉ 自相矛盾的话八成是谎言

说谎者需要有极好的记忆力和智商，才能将谎言承上启下。稍有不慎就会自相矛盾，露出破绽。即使是天才的谎言家，也需苦心经营，而不能草率行事，因为谎言始终不是真相。

说谎者要么编造虚假信息，要么掩盖和篡改事实。如果是编造和篡改的事实，一遍又一遍地讲述这件事时，难免会自相矛盾，露出破绽。

倘若有人患了绝症，医生想掩盖实情，就得另想办法解释病人的症状，当然这些解释是假的。这样一来，医生就得时时牢记着虚构的解释，要不然，过不了几天病人问起，会回答得驴唇不对马嘴。这是因为大脑首先接受的是真实情况，意识和认识将其印入记忆，它们总会一下子浮出脑海，把编造的事实驱赶出去，而后者的根基却没有如此坚实牢固。真实情况由于是先入之见总会使人蓦地回想起来，排斥后来的虚假细节或篡改过的细节。

如果说完全子虚乌有，说谎者就没有那么多理由担心说走嘴，因为并不存在什么相反的印象与之发生冲突。因此由于谎言完全是自己捏造，全然没有根基，很容易忘掉，除非记忆力超强。

对此常有些令人发笑的事情成为佐证，而出丑的则都是见风使舵、看人下菜的人。这种人的信仰和良知依情况的改变而不同。情况总是不断地变化，因此他们的说法也就各不相同，这些人的见解此一时彼一时，大相径庭，见人说人话，见鬼说鬼话。一不留神就说漏了嘴，这也是常有的事。

利用骗子的记忆不清，抓住他们的自相矛盾之处，就很容易看透说谎者的心。

唐朝初年，李靖担任岐州刺史时，有人向当时的朝廷告他谋反。唐高祖李渊派了一个御史前往调查此事。御史对这件事是否诬告很怀疑，便邀请告密者一起去岐州。告密者很高兴地答应下来。在途中，御史假称检举信丢失了，观察告密者以后的动作反应。御史佯装很害怕的样子，不停地向陪伴的告密者说："这可如何是好？身负皇上之托，职责所在，却丢失重要证据，我可真的难辞其咎了！"说着，他便发起怒来，鞭打随从的典吏官，使告密者确信检举信丢失。御史无奈地向告密者请求："事已至此，请您再重写一份吧。否则，我要负不能办成查访之任的罪责，可您的检举得不到查证，不是也没办法让皇上论功行赏吗？"那人一想不错，就赶紧去重写。他以为反正上封信已经丢失，便不管自己早已记不清当时是怎样写的，根据想象，凭空又造出一份来。御史接到信件，拿出原信一比较，只见大有出入：除了告李靖密谋造反的罪名一样，所举证据都换了模样，细节问题更是与前一封大相径庭，时间、人物都难以对上号，一看即知是胡编乱造的诬告信。御史笑笑，立刻吩咐把告密者关押起来。随后赶回京城，向唐高祖禀告原委。唐高祖大为吃惊。这件事中，御史是个有心人，他巧妙地找到说谎者的破绽，成功地揭穿了诬告谎言，惩治了撒谎者，大快人心。

　　事实上这种方法十分有效，不光因为编造另外的谎言能使人抓住自相矛盾的地方，即使事先有很充裕的时间来准备，并且说谎的人很谨慎地编造了台词，但假如他不够机灵的话，便无法预测对方反问的所有问题，仔细想好所有的答案。就算说谎的人很机警，也无法应付所有的突发事件。本来说辞是可以骗到别人的，但是一旦发生这种突然的改变，就会出现漏洞。

👁 "听我解释"可能是在说谎

"解释就是掩饰，掩饰就是事实。"一语道破了这里面的玄机。解释是谎言的一种，掩饰的就是谎言背后的真实。

生活中，我们经常会发现每当事情即将败露的时候，总有人会慌张地说："等一等，请听我解释！"这是典型的说谎举动。"等一等，听我解释"，只是为了拖延时间，为了给自己找到脱身的机会，好让自己想出辩解的理由或准备反攻。许多说谎者正是在"听我解释"的空隙里找到了貌似真实的解释来蒙蔽别人。

当下属气愤地说："你这可恶的家伙，别以为你是上司就可以胡说八道，你如此看不起别人，是不可原谅的！"下属说着就挥起拳头想打过去，这时上司会慌忙地说："等等，请不要用武力，听我解释！"于是，上司就能找出许多"看不起"下属的理由，试图通过"听我解释"来掩饰自己不合理的言行。

"听我解释"，多数是说谎的代名词。当有人对你说这句话的时候，你应该格外注意，看他接下来的解释到底有没有可信性。人们常说"解释就是掩饰",这句话是有道理的,掩饰什么,掩饰的就是谎言背后的真实。

刚出门上了趟洗手间的魏明,回来后就发现桌上的随身听不见了,他奇怪地问室友王博。

"王博,刚才有人进宿舍吗?"魏明问道。躺在床上的王博侧翻了一下身,答道:"没有啊,我没发现有人进来啊。"魏明说:"那我桌上的随身听去哪了?"王博显得有点慌,他说:"我真的不知道。"魏明笑着说:"没关系的,如果你拿了就说一声,没关系的。"

王博勉强地笑着说:"我真没有,请听我解释!"

接下来,王博就开始编故事了,他说刚才自己也出去了一趟,买了包烟……

很明显,王博是在说谎。去楼下超市,再回到宿舍最少也要五分钟,而魏明去趟洗手间不过两分钟。魏明心里明白王博在说谎,随身听就是王博拿的。

如果留心观察,我们就会发现,当一个人说"等一等,听我解释"时,大都是在被逼问得没法回答的时候才这样说的。正是因为没法继续回答,所以才会拖延时间,编理由,编故事为自己开脱。所以,不要轻易相信别人的"听我解释",因为那些解释有太多说谎的嫌疑。

7

第七章

让他人心甘情愿帮助你
—— 让人无法拒绝的请求艺术

👁 即使你是天才也需他人相助

人能取得多大成就和多少财富,与自己的能力及合作伙伴的合作程度有很大的关系。正像胡雪岩所说:"你做初一,我做十五,你吃肉来我喝汤,大家才能共同发财。"要知道,当你拥有了一些愿意与你患难与共的好朋友时,你在事业上也就更容易成功。

在历史上,再厉害的好汉也无一能凭一己之力称王称霸。只有团结协作、齐心协力才能最终成功。刘邦用得张良、韩信、萧何,得以创建帝业;刘备用得孔明、关羽、张飞、赵云,得以三足鼎立天下;宋江有梁山一百多位兄弟"哥哥休要惊慌"的辅佐才占据八百里水泊;唐三藏西天取经,没有孙悟空一路的降妖伏魔,猪八戒、沙和尚的鞍前马后,岂能取得真经,普度众生?

在动物世界,即使是凶残的鳄鱼也有合作伙伴帮助它完成捕猎才得以继续生存。

公元前450年,古希腊历史学家希罗多德来到埃及。在考姆翁市的鳄鱼神庙,他发现大理石水池中的鳄鱼,在饱食后常张着大嘴,听凭一种灰色的小鸟在那里啄食剔牙。这位历史学家非常惊讶,他在著作中写道:"所有的鸟兽都避开凶残的鳄鱼,只有这种小鸟却能同鳄鱼友好相处,鳄鱼从不伤害这种小鸟,因为它需要小鸟的帮助。鳄鱼离水上岸后,张开大嘴,让这种小鸟飞到它的嘴里去吃水蛭等小动物,这使鳄鱼感到很舒服。"这种灰色的小鸟叫"燕千鸟",又称"鳄鱼鸟"或"牙签鸟",它在鳄鱼的"血盆大口"中寻觅水蛭、苍蝇和食物残屑;有时候,燕千鸟干脆在鳄鱼栖居地营巢,好像在为鳄鱼站岗放哨,只要一有风吹草动,它们就会一哄而散,使鳄鱼猛醒过来,做好准备。正因为这样,鳄鱼和小鸟结下了深厚的友谊。

人们常说"爱拼才会赢",但偏偏有些人是拼了也不见得赢,关键可能在于缺少贵人相助。在攀登事业高峰的过程中,贵人相助往往是不可缺少的一环,有了贵人相助必然会增加成功的筹码。在人的一生中,总会碰到几个"贵人"。例如,你在工作中一直不是很顺利,心灰意冷,你开始想打退堂鼓,你的一位上司却在这时候拉了你一把,设法帮助你跨过了这道坎儿,重新燃起你的斗志。因此,你的师傅、上司、同事或者朋友,都有可能是你的贵人。

真正善于利用关系的人都有长远的眼光,早做准备,未雨绸缪。这样,在危急时就会得到意想不到的帮助。

丁力在美国的律师事务所刚开业时,连一台复印机都买不起。移民潮一浪接一浪涌进美国时,他接了许多移民的案子,常常深更半夜被唤到移民局的拘留所领人。他常开着一辆掉了漆的本田车，在小镇间奔波，兢兢业业地做着职业律师。天长日久，他终于有了些成就。然而，天有不测风云，一念之差，他的资产投资股票几乎亏尽，更不巧的是，岁末年初，移民法又再次修改，移民名额减少，他的事务所顿时门庭冷落。这时，丁力收到一封信，是一家公司总裁写的：愿将公司30%的股权转让给他，并聘他为公司和其他两家分公司的终身法人代表。他不敢相信天上真的掉下馅饼。总裁是个40岁开外的波兰裔中年人。"还记得我吗？"总裁问。他摇摇头。总裁微微一笑，从硕大的办公桌的抽屉里拿出一张皱巴巴的5美元汇票，上面夹着的名片印有律师事务所的地址、电话。丁力实在想不起有这一桩事情。"10年前，在移民局……"总裁开口了："我在排队办工卡，排到我时，移民局已经快关门了。当时，我不知道申请费用涨了5美元，移民局不收个人支票，我又没有多余的现金。如果我那天拿不到工卡，雇主就会另雇他人了。这时，是你从身后递了5美元过来，我要你留下地址，好把钱还给你，你就给了我这张名片。后来我在这家公司工作，很快我发明了两项专利。我单枪匹马来到美国闯天下，经历了许多冷遇和磨难。这5美元改变了我对人生的态度，所以，我不能随随便便就寄出这张汇票……"

这个故事颇具传奇性。传奇带有偶然性，只要这种偶然性爆发，就会成为人生的重大转机。尽管他起初不是有意的，却是无心插柳柳成荫。这种无意间的滴水之恩，带来的是受助者日后的涌泉相报。要有长远的眼光,真正利用关系,早做准备,未雨绸缪。这样,在危急时就会得到意想不到的帮助。

有了"贵人"的提携,加之个人的能力与努力,你的成功之日就不远了。要知道,当你拥有了一些愿意与你患难与共的好朋友时,你在事业上也就更容易成功。你也许在业务上很内行,但是假如在你的周围没有人愿意帮助你和支持你,你的生意也就不会有多大的发展。如果在生意场外也没有人帮助你,你也就可能失去很多机会。曾经有人说过:"成功的90%是协调人际、和谐共济带来的,只有10%才是技术的突破改进带来的。"

👁 向对方表示钦佩

不管别人的地位高低与否,都能相信对方,重视对方,这样的人必然也能得到大家的认可和尊重。在人际交往中,能经常对他人进行肯定的人,反之也会得到别人的钦佩。

伍特是美国著名将军,他以英明果敢和善于带队见长。

1917年秋季,伍特将军在波士顿兵营中负责把这些刚进军营的两万多个新兵训练成精兵良将。一天,当伍特将军的汽车驶来之时,兵营中的一位士兵正与其女友并肩漫步,他不想当着女友的面向长官敬礼,于是假装没看见,蹲下身去系鞋带。

他对自己的长官失礼了。

伍特会严厉地责备这个懒散而愚蠢的士兵吗？不会。伍特有着自己独特的带兵方法。后来，几乎每个人都知道了这个故事。

伍特停下来，把那个士兵叫到面前说："你看见我了吗？"

那士兵尴尬地小声说："看见了，长官。"

将军接着说："为了不向我敬礼，你故意装作系鞋带的样子，是不是？"

"是的，长官。"士兵只好承认。

伍特说："现在，我要告诉你，如果我是你的话，我一定会对我的女友说：'等下，看我怎么让这个老头儿给我敬个礼的！'知道吗？"

那士兵敬了一个礼，尴尬地说："是的，长官。"

将军极其严肃地回礼之后，就驱车前行了。

为了让这些尚不成气的野小子懂得当兵的荣耀，伍特将军用了一个许多人都不太注重的方法。他让士兵把自己当成笑柄，他清楚地告诉他，为了让这"老头儿"给他回礼，他可以先敬个礼。与任何大人物一样，伍特成功地让他的士兵们欢迎他，因为将军能让他们感觉自己是很重要的。

有人问他手下的一个参谋："伍特为何会如此受士兵们的拥戴呢？"

参谋回答："我可以告诉你，那是因为就算你站在最后一排,他也会认为你在部队里是不可缺少的。"

无论你是不是行政人员,你都得和一些必须听命于我们的人打交道。也许,我们都曾注意过,当我们为他们所从事的工作鼓励他们,让他们为之骄傲时,他们会显现出多么大的兴趣!

效率工作制的创始人泰勒就常让他的下属们相信,他们做的事情是最重要的,对整个大局的发展有着非凡的意义。只要你能让一个人敬仰你,你也表示十分钦佩于他的某些才能,你就可以轻而易举地指挥他。

丹尼尔·古亨汗是铜矿大王。他甚至能让办公室的行政人员也有自尊自重的意识。他说:"在整个组织之中,办公室人员应该与其他成员一样受到同等的尊重。如果一个工作人员来给你送信、报纸,或者因为其他事情来到你身边,你绝不能让他在一边干等着,因为他和我一样,时间都是很宝贵的。"

先让别人认可你,他会主动伸出援手

处理人际关系就像钓鱼一样,你要想获得对方的认同,首先要考虑的是,他们喜欢什么?你有什么可以将他们吸引到自己的身边来?你想钓不同的鱼,就有必要投资不同的饵。

请试着回想自己完成过的工作。和自己的部下一起同心协力进行的工作，想必是较顺利、轻松得多了。相反地，若无法得到他人的认同、帮助而焦急，会导致烦恼，什么也做不好，从而陷入更糟的困境。

最好的情况是双方相互理解，达成共识，这就是说服。正因为如此，拥有良好的说服力，是非常重要的。或许你从未顺利地完成工作，或许你并没有好的人际关系，那么现在，请你试着考虑获得人们对你的认同。

"说服"并不是要对方俯首称臣，完全按照自己的意思去做的强硬做法，而是要尊重对方，让对方理解，得到赞同，因而产生相同的看法。这其中的道理颇深，试着从这些观点审视自己，具体地想想，哪里不对？何处不懂？

根据这些问题，一一地解决，不管是在工作中或是人生的道路上，创造出一个良好的循环，这就是享受工作、快乐度日的窍门。

我们说话做事情，都必然或多或少地为自身利益打算，但是，我们为了能够得到他人的帮助，就必然要与他人的利益发生关系，或者有益于人，或者有损于人。如果有益于人，就能得到他人的认同和帮助，如果有损于人，必然遇到抵抗，所以，需要得到对方的认同。

古代有许多人都向国君毛遂自荐，要为国家效力。与其说国君是被他们的道理所说服，倒不如说国君是被他们报效国家的诚意所打动，他们受到了国君的认同。

晋献公时，东郭有个叫祖朝的平民，上书给晋献公说："我是东郭草民祖朝，想跟您商量一下国家大计。"晋献公派使者出来告诉他说："吃肉的人已经商量好了，吃菜根的人就不要操心了吧！"祖朝说："大王难道没有听说过古代大将司马的事吗？他早上朝见君王，因为动身晚了，急忙赶路，驾车人大声呵斥让马快跑，坐在旁边的一位侍卫也大声呵斥让马快跑。驾车人用手肘碰碰侍卫，不高兴地说：'你为什么多管闲事？你为什么替我呵斥？'侍卫说：'我该呵斥就呵斥，这也是我的事。你当御手，责任是好好拉住你的缰绳。你现在不好好拉住你的缰绳，万一马突然受惊，乱跑起来，会误伤路上的行人。假如遇到敌人，下车拔剑，浴血杀敌，这是我的事，你难道能扔掉缰绳下来帮助我吗？车的安全也关系到我的安危，我同样很担心，怎么能不呵斥呢？'现在大王说吃肉的人已经商量好了，吃菜根的人就不要操心了吧！假设吃肉的人在决定大计时一旦失策，像我们这些吃菜根的人，难道能免于惨遭屠戮、抛尸荒野吗？国家安全也关系到我的安危，我也同样很担心，我怎能不参与商量国家大计呢？"晋献公听了以后，被祖朝的诚意感动，于是立即召见了祖朝，跟他谈了三天，受益匪浅，于是聘请他做自己的老师。

在社会交往中，我们与人交谈，很多时候都是在自我营销，将自己的才华和能力销售出去。我们不要总是想着凭借自己的口才和辩驳将自己的道理说明白，有些时候要适当地从情感上面出发,说些能够打动别人、感染别人的话。一个人如果把道理说得太多,就有点木;一个人把事实摆得太多,就容易招来别人的反驳。为此以情动人是一种润滑剂,如果你能让人在情感上和你产生共鸣,那么你和别人心理上的距离就拉近了很多。

◉ 为帮助你的人描绘一幅美好前景

求得他人的帮助,也需要你有一点勾画美好远景的能力。

实际上,在人类的天性中,一直存在这样一个可悲的事实:人们总是在见到具体的回报后才愿意付出。如果你也习惯于这样去想,可以说,你经常会什么也得不到。如果你明白了只有先付出,才会有所取的道理,你就是一个很容易成功的人。同样,在人际交往过程中,想获得来自于他人的帮助,不妨和他畅想一下他帮助你会给他带来哪些利益和好处,用未来的美好前景吸引他向你提供帮助。

在请求别人帮助之前,你一定要搞清楚别人为什么要帮助你?你凭什么能叫别人来帮助你?帮助你的人到底真正帮助你的目的是什么?毕竟有一部分人都是为利益生存。如果你觉得想方设法打动别人来帮助你很难,可以利用这样一种方法:直接先让对方知道在帮助你之后可以获得什么样的利益,来利诱别人使自己渡过难关。

皮尔帕特·摩根曾拒绝收购卡耐基钢铁公司。卡耐基和加里都曾希望摩根能做这笔数额巨大的生意，可是，他们都未能成功地说服摩根。

前不久，什瓦普就任卡耐基公司的总裁，卡耐基委托什瓦普说服摩根。什瓦普针对摩根不小心犯的一个错误设计了计划，折服了这位美国金融界的巨擘。

什瓦普以智巧闻名于世。他设计了一系列使摩根只能倾听而无法拒绝的计划。接下来，他又用一个人们非常熟悉的简单办法，达到了自己的目的。

亚塞·斯特朗记载道："纽约的多位银行家设宴款待什瓦普。他们事先商定，一定请摩根参加宴会。什瓦普在宴会上作了十分精彩的演说。他展望钢铁工业的美好未来，使许多人都十分神往，他没有特意强调某家公司，也没露出演说专为摩根而设的痕迹。他只是说，公司之间的合并可以成为一个完美的增进效率、促进良性竞争，为发起人创造巨大财富的工业组合。他才华横溢，口若悬河，让人无法抗拒。因此，摩根就在散席后找到他，问了几个问题。在他们谈完话后，什瓦普竟不负重托，以4.92亿美元的价格把卡耐基的公司卖给了摩根。结果，一家拥有数亿资金的规模庞大的美国钢铁公司就这样诞生了，加里担任执行委员会主席，什瓦普任总经理。"

由此可知，什瓦普运用了一个十分简单的策略——激发摩根的想象力，刺激他对金钱的渴求，从而完成了一项重大的收购。

我们应该用语言的魅力先让他们去想象未来的美妙，以勾起他随我们共同努力的欲望，达到让他们帮助我们的目的。

什瓦普就是这么做的。他先让摩根想象到那样一幅美好的画卷，他猜到在散席之后摩根一定会与他单独计算一下自己能得到的利益。

因此，假如我们想让他人做我们想让他做的事，就应该预先刺激一下他的欲望，以达到我们的目的。

求人办事并不是什么难以启齿的事，要想成功，只要用正确的态度，正确的方法，就会很容易达到你的目的了。请求他人帮忙，必须以别人的切身利益为准。古人云："衣人之衣者，怀人之忧。"意思就是说，穿了别人的衣服，怀里就会装着别人的心事。

👁 将心比心的求助方法

古话有云："人同此心，心同此理。要人敬己，必先己敬人，你敬人一尺，人敬你一丈。"人际交往就有这样的互补性报偿，报偿是一种自觉不自觉的社会动机，只有尽可能地尊重一个人，才能尽可能地要求一个人。

我们若想得到亲人、朋友、上司、同事、下属的真心帮助，更需要将心比心，多多从他人的立场、利益出发来思考，将之巧妙地转化为自己的陈述话语，将话说进对方的心坎里，从而成功求助。

美国女企业家玛丽·凯，在1963年成立了一个化妆品公司，仅有女工九人，如今事业大发展，已经成了拥有20万人的大公司了，她成功的秘诀就是在待人之道上，对下属尊重，平等待人，一视同仁。而这位女企业家所以履行尊重人的待人之道，是因为她年轻时和经理握手，受过一次冷遇，那位经理根本不把她放在眼里，她的自尊心受到了莫大的刺激，她办企业后，就把尊重属下、一视同仁当作了金科玉律，她的属下自然尽心竭力为公司奋斗，才使得公司得以迅速成长起来。

做人要有人情味，真正的强者，都是最善顺人情人意的人。"假如换了我，我该怎么办？"这乃是说服技巧的第一步。通过角色互换，使对方有转换立场的模拟感觉，借此模拟感觉而达到说服对方、获得对方支持的目的。

詹姆斯从小就憧憬着军旅生涯。1929年美国经济恐慌，人人被生活逼得走投无路，年轻人都一窝蜂挤入各兵种的军事学校，而他特别钟情于西点军校，可是有限的名额早就被有权势的人的子弟占据了。他只是个小民，于是他到处打躬作揖，鼓起勇气，一一拜访地方上有头有脸的人物，不怕碰钉子，尽量推销自己："我是个优秀青年，身体也棒，我毕生最大的愿望是进西点报效国家，如果您的孩子和我有一样的处境，请问你会怎么办呢？"没想到，这些有权势的人物，经过他这么一说，十分之八九都给了他一份推荐书，有的人更积极地为他打电话，拜托国会议员，他最终成了西点军校的学生。

　　任何人对自己的事，总是怀有很大的兴趣和关切。这位年轻人如果不以"如果您的孩子和我一样"作为说服战术的话，他哪有今日的成就？

　　要说服他人，先得使他设身处地，对自己困难的问题感到切肤之痛，兴起极端关切。别人在回答"如果你是我……"的问题时，不自觉地便把自己投影在该问题中了，他已经开始感受到你的处境了。

　　人可以不远千里跋涉，只为了与知心的朋友共聚一堂；做一次彻夜长谈，只因为朋友可以了解他、理解他、喜欢他、安慰他，正是这样的朋友才是值得他伸出援助之手的人。

第八章

把对手变成"自己人"
—— 谈笑间化解冲突的非暴力沟通

👁 建立私人之间的信任

现代商业,也不可能非常简单地建立在单纯业务往来之上了,人际关系在其中起着不可忽视的作用。

商务谈判的价值在于通过联合决策得到的利益大于非合作甚至是对抗情况下的利益。然而共同决策是有前提的,其中最重要的因素之一是形成一定程度的信任。在其他条件相同的情况下,双方有信任基础则市场交易成本会明显降低,这就是熟人之间做生意轻松愉快的原因。

有目的的私人交际,是很好的商谈前哨战,通过私人交际,可以建立良好的私人关系和友好的工作关系。现代商场中与客户进行私人交往的形式,一般是请客户吃饭,陪客户打高尔夫球,以及同客户一起打麻将等娱乐活动。它能够使交易双方的关系更加密切,促成交易的成功。

以下有三种方法,可以帮助你跟谈判对手建立私人之间的信任关系。

1. 亲自约见别人,而不是借助于电话、电脑或电子邮件。面对面的谈话比使用电子邮件、信件或电话进行接触,更能减少个人距离感。一旦你亲自认识了某个人,就更容易避免对他人的模式化想法,或是误解他人的个性。人们来你办公室见你,别让你的办公桌成为两人之间的阻碍。罗杰爱让办公桌面对靠墙的书架,这样一有客人来,他就能倒转椅子问候别人,并请对方坐到跟前来。没有桌子的阻挡,你们更容易建立起私人关系。

2. 讨论你们共同关心的事情。我们都知道交通或天气一类的话题很安全,它不会冒犯别人,或是透露太多有关自己的信息。然而,风险最小的谈话往往最无助于缩短个人距离。谈论个人关心的话题,往往会让人感到太暴露,一方面,它更冒昧、更容易遭人攻击,但另一方面,它营造亲密感的可能性也更大。家庭问题、财政焦点、对时事的情绪反应、对自己职业的怀疑,还有道德困境等,都是能加强双方关系的话题。

对于这类话题,找别人提建议是打开局面的好办法。"让同事们来准时开会,总是让我觉得头痛。你有什么建议吗?你是怎么处理的?"主动暴露你的错误、弱点和坏习惯,也能拉近你和别人的情感距离。

3. 为彼此留出空间。建立个人关系的第三个办法是给别人和自己留出足够的空间。为了提供更大的自由度,你不需要破坏双方的亲密感。你可以在保持友好的前提下要求个人空间。一对苏格兰夫妇款待来自己家过周末的客人,他们热情地招呼客人,"欢迎你们",紧接着又问,"我们正在读书呢。你们想干点什么?"

要建立关系，你用不着分享自己心底最深的秘密。和对方谈判代表交往的目的是，让彼此变得更有人情味一些，而不是结交新朋友，处理自己的每一个家庭问题。你只需创造足够的个人联系，让你们逐步信任对方，从而能够更有效地联手解决问题。

只有双方互相了解彼此信任的谈判才能获得成功，才能不因为某一句话或某一个要求而导致谈判夭折。如果谈判双方都通过细致精心的准备工作，让对方了解自己、相信自己，并且不厌其烦地倾听对方的陈述诉求，就可以精诚合作，并在较短的时间内签署谈判协议。

让自己表现得笨拙一些

在大多数情况下，人们总是喜欢帮助那些在思维或者其他方面不如自己的人。

在谈判过程中，即便你是一个高手，也要学会装傻，永远不要让对方感觉你是个聪明、狡猾、老练的谈判高手。对于谈判高手来说，聪明就是愚蠢，愚蠢就是聪明。在谈判的过程中，有时如果你能假装没有对方聪明和高明，最终所达到的谈判效果反而可能会更好。你越是装得愚蠢，最终的结果可能就对你越有利。

这么说是有原因的。在大多数情况下，人们总是喜欢帮助那些在思维或者其他方面不如自己的人。所以，装傻的一个好处就是，它可以消除对方心中的竞争心理。你怎么可能会攻击一个前来向你征求意见的人呢？你怎么可能会把一个求你的人当成竞争对手呢？面对这种情况时，大多数人都会产生同情心，进而主动帮助你。

下面这个小孩子的故事相信会给我们以启示。

在小街上，有一个文静、内向的孩子。每当放学后，淘气的孩子们就会飞一样地来到一家杂货店前闹哄哄地争抢着。因为店主是个乐善好施的老板，他正翻箱倒柜地四处为孩子们找那些要降价处理的食物。

每当他拿出一件，孩子们就欢呼起来，争先恐后地拥上去抢。只有这个文静的男孩例外，总是在远处看着。等那些争到食物的孩子们一哄而散后，杂货店老板看到了这个可爱的男孩。于是他就打开一罐糖果，让小男孩自己拿一把，但是这个男孩却没有任何的动作。老板越发喜欢这个男孩了。几次的邀请之后，老板亲自抓了一大把糖果放进他的口袋里。

回到学校，看到他的糖果比别人的都多，他那些小伙伴羡慕不已。大一点的孩子很好奇地问小男孩，为什么你自己不去抓糖果而要老板抓呢？

小男孩回答道："因为我的手比较小呀！而老板的手比较大，所以他拿的一定比我拿的多很多！"

小伙伴们都很佩服他的聪明。

小孩子是单纯的，但也是聪明的。靠自己得不到，依靠别人可以得到更多。这不是无能的借口和自我安慰，而是一种谦卑的聪明。因为从心理学的角度来讲，一般人们会对笨一些的人有同情、帮助和支持的意向，所以要想办法表现自己的笨拙，要经常说一些谦虚和赢得对方好感的话，如："我非常想请你帮我一个忙""这个地方我有一点儿想不清楚""麻烦你帮我算一下，我还是不明白"。总之，要显得你不那么干练，对方的好胜心也就不会那么强了，反而对你充满了同情心。

只有最笨的谈判高手才把自己表现得很精明。试想，如果你处处像王熙凤那样机关算尽，对方就会有防备之心，就不利于开诚布公地把所有议题都说出来。即使看起来赢了谈判，这都可能是暂时的，因为对方说不定在什么地方埋有伏笔，最终可能是你输了。所以精明的谈判高手往往会表现得很笨。

一旦谈判者无法控制自我，并开始装出一副老谋深算的样子时，他实际上把自己放到了一个非常不利的位置上。而谈判高手则非常清楚在谈判过程中装傻的好处，他们的做法通常包括：

1. 要求对方给自己足够的时间，从而可以想清楚接受对方建议的风险，以及是否还有机会提出进一步的要求。

2. 告诉对方自己需要征求委员会或股东会的意见，从而可以推迟做出决定。

3. 希望对方给自己充足的时间征求法律或技术专家的意见。

4. 恳请对方做出更大的让步；使用黑白两策略，在不制造任何对抗情绪的情况下给对方施加压力。

5. 通过假装查看谈判笔记的方式来为自己争取更多的时间。

需要提醒的是，一定不要在自己的专业领域上装傻。打个比方，如果你是一名设计师，千万不要说："我不知道这栋大楼是否能够支撑自身的重量……"谈判高手知道，装傻充愣可以消解对方心中的竞争情绪，从而为双赢的谈判结果打开大门。

◉ 谈判对阵前，先聊些温馨的话题

创造和谐的谈判气氛，是很重要的前提。要想获得谈判的成功，必须创造出一种有利于谈判的和谐气氛。

在谈话之前，想要营造出宽松环境、和谐气氛，关键是拉近谈话者与谈话对象的距离。除了谈话场所等固有"硬环境"外，谈话者也要尽可能地营造出一些"软环境"，谈话者要表情轻松自然，面带微笑，语气平缓，语速适当，使谈话对象觉得亲切，能够信任，愿意接近。有时，不必刚开始就直接踏入正题，先适当拉拉家常，了解一下谈话对象本人目前的一些基本情况，使谈话对象在介绍自身的过程中逐渐放松，然后再适时提出谈话的主题和要求，水到渠成，避免突兀而来给谈话对象造成压力,引起紧张而束缚言路。

　　谈判的开局阶段是指谈判准备阶段之后,谈判双方进入面对面谈判的开始阶段。谈判开局阶段中的谈判双方对谈判尚无实质性感性认识。各项工作千头万绪,无论准备工作做得如何充分,都免不了遇到新情况,碰到新问题。由于在此阶段中,谈判各方的心理都比较紧张,态度比较谨慎,都在调动一切感觉功能去探测对方的虚实及心理。所以,在这个阶段一般不进行实质性谈判,而只是进行见面、介绍、寒暄,以及谈论一些不是很关键的问题。这些非实质性谈判从时间上来看,只占整个谈判程序中一个很小的部分。从内容上看,似乎与整个谈判主题无关或关系不太大,但它却很重要,因为它为整个谈判定下了一个基调。

　　创造和谐的谈判气氛,是很重要的前提。要想获得谈判的成功,必须创造出一种有利于谈判的和谐气氛。任何一方谈判都是在一定的气氛下进行的,谈判气氛的形成与变化,将直接关系到谈判的成败得失,影响到整个谈判的根本利益和前途,成功的谈判者无一不重视在谈判的开局阶段创造良好的谈判气氛。而同谈判对手聊聊轻松的话题,恰好可以缓解谈判的严肃气氛。

　　如果你能跟他谈一些轻松的话题,将会使你们双方都感到愉快。其实,陌生人之间的交往之所以存在障碍,关键是人际之间隔着一层"窗户纸",如果有人能捅破这层纸,人们之间的沟通也就非常顺利了。

人们普遍认为，在谈判中，讲话简洁明了才有力量，才能有效地节省时间，很少有人能够意识到"废话"在许多时候不废，颇能起到难以预料的积极作用。对于彼此不够熟悉的双方，只一两次谈话大多会互存戒心，有时还会陷入"无话可说"的尴尬场面。

据研究，初次见面的人，欲迅速消除陌生感，拉近彼此的距离使关系融洽起来，最好的方法是适当说一点"废话"，这便是渐入正题的谈判技巧。如果这次谈判成功对你十分有利，你不妨牺牲一点时间，同对方多聊一会儿，聊到彼此投机，很像朋友了，对方消除了陌生感，而且比较信任于你了，再进入正题。这比一见面就切入正题，效果要好得多。

但是，闲聊终归是闲聊，不可随心所欲地乱聊，乱聊有时不仅起不到融洽感情、增强信任感的作用，反而会使对方产生疑心，怀疑你在同他兜圈子，是另有所图，从而对你更加戒备。闲聊应注意以下几点。

1. 事先做好闲聊的准备。重要的谈判，必须对闲聊的话题进行认真研究准备，这样才能做到"废话"不废。如果你的闲聊竟是一些毫无意义的话，如"今天可真凉快！""你的生意可真不错"，等等，这会使人感到废话连篇索然无味。如果因为无准备，而聊了不该聊的话题，大多会起反作用。如果不顾对方的喜好，一个劲滔滔不绝地聊自以为非常有趣的话题，会使对方产生厌烦心理。

2. 创造有利于闲聊的环境。有条件的话，可创造一些较轻松的场合，营造愉快融洽的气氛，力求从"闲"入手，"聊"出效果。

3. 准备适当的闲聊话题，选择话题应本着这样的原则：

（1）与正题有关的话题，力求有利于转入正题，又要不露痕迹。这就必须进行一番认真的研究。

（2）对方感兴趣的事。如果能事先了解对方的爱好、兴趣，便可围绕他的爱好、兴趣去准备谈话材料；如果事先来不及了解或无法准确了解，可以用"试探迈进"的方法去探寻他的爱好和兴趣。

（3）最大限度地运用幽默。闲聊的目的在于消除陌生、隔阂。运用幽默得当，可更有效地发挥闲聊的作用。

邀请"共餐"，敞开心扉

你应该学会善用餐桌。"三尺桌台作战场，舌端横扫千万军。"

请客吃饭是最常见的维持与谈判对手的良好关系的策略，但大多数人认为请客吃饭仅仅是走过场。其实宴请的目的是让谈判对手敞开心扉，借此机会和谈判对手做感情上的交流，让他们在一个相对轻松的环境下充分释放自己。要时不时地请谈判对手吃饭，而且要有创意。

为什么要重视请客吃饭呢？因为人在吃喝的时候，最没有戒心，也最容易流露出一个人的本性。借着餐桌可以互相加深了解，推心置腹地交谈，从而赢得彼此的信任。餐桌上不知做成了多少惊人的生意，餐桌上不知化解了多少谈判的僵局。

在吃饭的轻松自如的气氛中，一些商场上的秘密，会在无意中得知；许多商场上的构想，在这时可能浮上脑际；一度谈不拢的话题，也能顺利解决了。

谈判高手请客吃饭之前，都会有很周密的策划，会给吃饭一个明确的定义和任务。也就是吃饭的分类，是饭口的工作餐，还是为达到目的的攻关餐，是为了联络感情的聚会，还是为庆祝合作成功的庆祝餐；由于吃饭的意义性质不同，所要达到的目的也不同。因此在吃饭前，自己心里一定要明确，也就是请客吃饭第一招——为目的而吃饭。

由于吃饭的意义不同，所要参加的人员自然不一样。很多谈判者在请客户吃饭时，对作陪的人员不加选择，结果由于作陪的人不会说话，或者很会说话，一顿饭吃完了，业务没谈成，反倒让自己的朋友和客户成了朋友。所以请客吃饭的第二招：精心选择作陪人员。

请客吃饭的第三招：懂得礼貌，安排好座位。这一点很多年轻的谈判者都不很在意，在请客吃饭时，座位的安排没有长序，无形中得罪了客户还不知道。特别是在宴请政府官员或者长辈时，一定要按顺序安排。当我们进入餐厅后，直对门口的位置是主宾位，主宾位的右手是次宾位以此类推，主宾位的左手边是主陪位，一般这次参加宴会的主方级别最高的落座，以此类推。当然根据吃饭的性质不一样可做调整，但大体不要违反礼貌原则。

宴会的性质不同，要保持不同的气氛。如要解决合同的未尽事宜或者要攻关，先要倾听客户的意见，再根据情况做适当的洽谈。不要只顾洽谈而忘了吃饭，吃饭喝酒这是谈判和攻关的润滑剂。当有冷场时，就以喝酒来活跃气氛。请客吃饭第四招：吃中谈，谈中吃，一切为了达成目的。

总之，请客吃饭也是一种学问，是你谈判工作中必不可少的手段，用好了，无往而不利，用不好也会影响谈判的结果，得罪客户。最后，请大家记住：学会请客吃饭！

◉ 和谈判对手的"熟人"搞好关系

战场上，兵家讲究"知己知彼，百战不殆"。商场如战场，在商务谈判中，对方的信息对于自己来说同样十分重要。只有掌握了大量及时的信息，才能在扑朔迷离的谈判桌上掌握主动权。

由人们在生活中设定目标、修正目标的举动可以看出一些他们在谈生意中可能出现的反应。人们常为自己修订目标，却浑然不自知。当我们选择去一个社区居住，或选择参加一个团体时，我们便会针对现况，制定目标。公司主管也是这样，他们会向朋友、秘书、助理人员描述他们的目标，依据不断的信息反馈，逐步向上或向下修正目标。

除了通过谈判对手的熟人得知一些重要的商业信息的同时，有时这些熟人还可以帮助谈判出现转机。

2003年甲公司开始全面负责在河北沧州的销售。2002年乙公司在沧州的销量为200万，丙公司为150多万，而甲公司只有60多万。后来乙公司与当地市场中的第一大户经销商A发生矛盾并激化，A决定退出乙公司的经销阵营。因A在市场上的重要地位，一时间，各大厂家纷纷上门游说，希望促成与A的合作，A成了各大厂业务代表代眼中的香饽饽。A也开出了合作的两个基本条件，一是销售政策要好；二是必须保证独家操作。

甲公司业务代表想抓住这个机会突破甲公司在沧州市场的瓶颈，虽然甲公司在沧州已由B代理，但B的销售能力已不能满足甲公司发展的需要。如何能在保证老客户稳定销量的基础上，开发一个更加优质的客户，成了甲公司业务代表必须破解的一个难题。

正在为难之际，事情出现了一线转机，在一次聊天中，甲公司的业务代表得知其一好友与A的老板私交甚好，于是甲公司业务代表找其好友出面沟通。为了让本次谈判取得成功，甲公司业务代表准备好了A家电销售乙业务代表产品的利润分析表、甲公司销售政策、公司获得的主要荣誉、产品手册、价格表等资料。谈判在甲公司业务代表好友与A老板相互关心近期生活的良好氛围中拉开了帷幕。经过其好友对甲公司经营理念、营销政策和产品优势以及经营甲产品的前途等进行了全面介绍和分析后，A老板很快就从心理上接受了甲公司。

◎ 稍有失态，就"付之一笑"

笑的力量是很强大的，通常硬碰硬不能解决的事，一个微笑竟能使问题迎刃而解。

俗话说得好："一笑解千愁"，"眼前一笑皆知己，举座全无碍目人"。的确，没有人能轻易拒绝一个笑脸。笑是人类的本能，要人类将笑容从脸上抹去是件很困难的事情。由于人类具有这样的本能，因此微笑就缩短了两个人之间的距离，具有神奇的魔力。

俗话说："抬手不打笑脸人。"笑能将怒气挡在对方体内，阻止他的进攻，从而使矛盾化解。在中百超市发生过这样一件事，一个顾客买了一瓶大宝护肤霜，回家用后说味不正，她怒气冲冲地找到营业员要求退货说:"你们店里卖的水货,这种变了质的东西拿来骗顾客,这不是拿顾客的健康开玩笑吗!"有几个顾客走过来也闻了闻。这时营业员把店长找来面带笑容地说:"对不起,对不起,这瓶大宝护肤品有问题,我们跟厂家联系,这是我们工作的失误,非常感谢您给我们提出宝贵的意见,您是退钱还是换一瓶呢?"面对这诚恳的微笑,顾客还能说什么呢?微笑是一种武器,是一种和解的武器。

一位坐飞机的乘客在飞机起飞之前,请求空姐为他倒一杯水服药,空姐告诉他说:"先生,为了您的安全,等飞机进入平稳飞行后,我会立刻把水给您送过来。"可是,等到飞机起飞后,空姐却把这件事给忘了,待乘客的服务铃急促响起来时,她才想起送水的事情。于是,空姐小心翼翼地微笑着对那位乘客说:"对不起,先生,由于我的疏忽延误您吃药的时间,我感到非常抱歉。"那位乘客严厉地指责了空姐,说什么也不肯原谅她,并声称要投诉她。在接下来的行程中,空姐一次一次地询问那个乘客是否需要帮助,但是他就是不理不睬的。

临到目的地时,那位乘客要求空姐把留言本给他送过来。此时,空姐十分委屈,但她还是很有礼貌地微笑着说:"先生,请允许我再次向您表示真诚歉意,无论您提什么意见,我都欣然接受。"

等飞机降落乘客离开之后,空姐不安地打开留言本,只见上面写着这样一段话:"在短短两小时的飞行途中,你表现出的真诚歉意,特别是你第 8 次的微笑深深地打动了我,使我最终决定将投诉信改成表扬信。谢谢你真诚的微笑,下次旅行有机会我还会乘坐你的这趟航班。"微笑魅力如此之大,眼看一场风波就要起了,那位空姐用了她充满真诚歉意的微笑,深深地打动了那位将要投诉她的客人,这便是微笑的魅力。

　　微笑表现出的温馨、亲切的表情,能有效地缩短双方距离,给对方留下美好的心理感受,从而形成融洽的交往氛围。它能产生一种魅力,可以使强硬变得温柔,使困难变得容易。所以微笑是人际交往中的润滑剂,是广交朋友、化解矛盾的有效手段。

9

···第九章

挑动他的自尊心和逆反心理
—— 利用愤怒情绪激发他

◉ 用好情绪化，你离成功就不远了

激将法就是利用别人的自尊心和逆反心理积极的一面，以"刺激"的方式激发其不服输的情绪，将其潜能发挥出来，从而达到不同寻常的说服效果。

激将法是人们熟悉的计谋，既可用于己，也可用于友，还可用于敌。激将法用于己的时候，目的在于调动己方将士的杀敌激情。激将法用于盟友时，多半是由于盟友共同抗敌的决心不够坚定。诸葛亮对吴用便是此计。激将法用于敌人时，目的在于激怒敌人，使之丧失理智，做出错误的举措，给己方以可乘之机。激将法也就是古代兵书上所说的"激气""励气"之法和"怒而挠之"的战法。前者是对己和对友，后者则是对敌。

诸葛亮奉刘备之命到达江东劝说孙权共同抗曹，鲁肃带他前去会见孙权。诸葛亮见孙权碧眼紫髯，一表人才，自知难以用言语说动，便打定主意要用言语激他。寒暄之后，孙权问道："曹兵共有多少？"诸葛亮答："马步水军，共一百余万。"孙权不信。诸葛亮说："曹操在兖州时，就有青州军二十万；平定河北，又得五六十万；在中原招新兵三四十万，现在又得荆州兵二三十万。如此算来，曹兵不下一百五十万。我只说一百万，原因是怕惊吓了江东之士。"鲁肃听后大惊失色,一个劲向诸葛亮使眼色,诸葛亮却假装看不见。孙权又问:"曹操部下战将,能有多少?"诸葛亮说:"足智多谋之士,能征惯战之将,不下一二千人!"孙权道:"曹操有吞并江东的意图,战与不战,请先生为我下决心。"诸葛亮说:"曹操取得了'官渡之战'的胜利,又新破荆州,威震天下,现在即使有英雄豪杰要与他抗衡,也没有用武之地,所以刘豫州才逃到这里。希望将军您量力而行。如果能以吴、越之众与他抗衡,就不如早一点与其绝交;如果不能,为什么不依众谋士的主张,向他投降呢?"

孙权道:"就如您所说的,那么刘豫州为什么不投降曹操呢?"诸葛亮说:"当年的田横,不过是齐国的一名壮士罢了,尚能笃守节义,不受侮辱,更何况身为王室之胄、英才盖世、众士仰慕的刘豫州。事业不成,这是天意,又岂能屈处人下?"孙权听了,不禁勃然大怒,退入后堂。众人都笑诸葛亮不会说话,一哄而散。鲁肃则一个劲埋怨诸葛亮,批评他貌视孙权。诸葛亮笑道:"我自有破曹良策,你不问我,我岂能说?"鲁肃听罢,赶紧跑到后堂告诉孙权。孙权回嗔作喜,又出来与诸葛亮相见,并设酒宴款待。经诸葛亮一番实事求是地分析,孙权果然进一步坚定了抗曹决心。

日本有一家公司,主要生产咖喱粉。有一段时间,这家公司的产品滞销,堆在仓库里卖不出去,眼看企业就要破产了。面对这一危机,大家都在想方设法进行促销,可是一切手段都施展出来之后,咖喱粉销售量还是上不去。

该公司的经理一个个都"下了课",连续换了三任经理。这时,受命于危难之际的第四任经理田中走马上任了,可他还是没有什么好办法。大家都清楚,产品卖不出去的原因就是顾客对该公司的牌子很陌生,很难注意到有这种产品。由于没有足够的资金,大量做广告是不现实的,但如果不拼死去做一次广告,无异于坐以待毙。

那么做怎样的广告呢?有一天,田中经理在办公室里翻阅报纸,有一条新闻吸引住了他。这条新闻说有家酒店的工人罢工,媒体进行了追踪报道,最后罢工问题圆满解决,酒店恢复营业,原先不景气的生意,现在变得异常兴隆。在日本,劳资双方的关系一般都比较和谐,一旦出现罢工就会成为新闻的焦点。田中看着看着,大脑里突然有了主意:这家酒店之所以生意兴隆,就是因为新闻媒体无意之中给炒起来的……

这样,一个巧妙的想法在他的头脑里形成了。他悄悄地叫来几个干将,关上房门后吩咐了一番。几天之后,日本的几家大报如《读卖新闻》《朝日新闻》等刊登出了这样一则广告:"本公司专门生产优质的咖喱粉,为了提高产品的知名度,今决定雇数架直升机到富士山撒咖喱粉,在这山上,人们将只能看到咖喱粉的颜色了。"这是一条令全日本人都感到震惊的消息。在日本,富士山既是一大名胜,又是日本国家的象征。在这样神圣的地方,居然有公司胆敢撒咖喱粉?

真是岂有此理！该公司的广告刚刚刊出，日本国内舆论一片哗然。很多人都知道该公司在故弄玄虚，但是对如此的言辞仍然难以忍受，纷纷指责该公司。本来名不见经传的公司，连续好多天在各种新闻媒体上成为大家攻击的对象。有的人甚至放出话来，如果该公司胆敢如此做的话，我们一定叫它倒闭！

在一片声讨浪潮中，该公司的名声大震。当临近广告中所说的在富士山撒咖喱粉的日子的前一天，原先发表过该公司广告的报纸都刊登出其郑重声明："鉴于社会各界的强烈反应，本公司决定取消在富士山撒咖喱粉的计划。"

当人们欢庆自己的胜利时，田中和该公司的员工们也在欢庆胜利。经过这样一番折腾，全日本的人都知道有一家生产咖喱粉的公司，并且误以为这是一家实力超群、财大气粗的公司。很多小商小贩都纷纷投到该公司的门下，大力推销其咖喱粉。而该公司的咖喱粉一时间成了畅销产品。

田中经理的一招妙棋救活了一家公司。目前这家公司的产品在日本国内市场占有率高达50%。

在商战中，如果想使自己的产品卖出好价钱，知道对方是个心烦气躁的人，用激将法最容易使人就范。同样，在产品的销售过程中，用"怒而挠之"的方法，同样也可以刺激对方的自尊心和虚荣心，使其理智程度降低，从而达到自己的价格目的。

"怒而挠之"之法的关键是"挠"，要对情绪容易激动的人来"挠"。一般说来，年纪轻的要比年纪大的易"挠"些，见识少的要比见识多的易生气些；越是讲究衣着打扮的、好争高比强的、地位较高、受人尊重的人越怕被别人看不起。某种职业、某些人群在性格上具有某些不同的性格特征，激将法在这些人身上就会有不同的效应。

你只要掌握了"怒而挠之"的激将法，那无疑对你的推销技巧或是购买技巧是莫大的帮助和补充。

这种战术源于顾客的好胜心理。各个消费者的购买动机并不完全相同，有的为满足新、奇、怪、美的心理需要，也有一种为满足自己的好胜心理的。在某商店里，一对外商夫妇对一只标价3万元的翡翠戒指非常感兴趣，但因为价格太贵，所以有些犹豫不决。正在这时，售货员主动走过来介绍说："某国总统夫人也曾对它爱不释手，可由于价钱太贵，没买。"这对夫妇闻听此言，其好胜心理油然而生，立刻付钱买下，然后洋洋得意，感到自己比总统夫人还有钱。

所以你有商品推销给顾客，千万不能用"你不想买"而要用"你是因为没钱，买不起"来刺激他，因为前者不会刺激对方的自尊，后者却击中了他的要害，而对方为了挽回面子，也得勉强做出来让你瞧。

当然，要采取此激将法，必须注意方法和技巧，最好利用暗示，切不能够一激将人激怒了，让你吃不了兜着走，说不定要和你拼个死活呢。

在商务谈判中使用激将技巧的目的是要最终达成协议，需要强调的是，激将法使用的是一种逆向的说服对方的方法，需要较高的技巧，运用时需要注意以下几个方面。

1. 激将的对象一定要有所选择。一般来说，商务谈判中可以对其采用激将法的对象有两种：第一种是不够成熟，缺乏谈判经验的谈判对手。这样的对手往往有自我实现的强烈愿望，总想在众人面前证明自己，容易为言语所动，这些恰恰是使用激将法的理想的突破口；第二种是个性特征非常鲜明的谈判对手。对自尊心强、虚荣心强、好面子、爱拿主意的谈判对手都可使用激将法，鲜明的个性特征就是说服对手的突破口。

2. 使用激将法应在尊重对手人格尊严的前提下，切忌以隐私、生理缺陷等为内容贬低谈判对手。商务谈判中选择"能力大小""权力高低""信誉好坏"等去激对手，往往能取得较理想的效果。

3. 使用激将法要掌握一个度，没有一定的度，激将法就收不到应有的效果，超过限度，不仅不能使谈判朝预期的方向发展，还可能产生消极后果，使谈判双方产生隔阂和误会。比如，在诸葛亮智激黄忠中，如果在黄忠当众立下军令状后诸葛亮仍然以语相激，对黄忠的实力表示不信任，很可能会使黄忠认为诸葛亮根本看不起他，两人会由此产生误会。

4. 激而无形、不露声色往往能使对方不知不觉地朝自己的预期方向发展。如果激将法使用得太露骨，被谈判对手识破，不仅达不到预期的效果，使我方处于被动地位，而且可能被高明的谈判对手所利用，反中他人圈套。

5. 激将是用语言，而不是态度。用语要切合对方特点，切合追求目标，态度要和气友善，态度蛮横不能达到激将的目的，只能激怒对方。

当然，如果你想在商务谈判中抢占先机，不但要善于使用激将技巧，而且要善于识破激将法，在商务谈判中沉着应付，不为对手所激。

◉ 因人而异，施用不同激将法

《孙子兵法》中有云"能而示之不能""用而示之不用""近而示之远""远而示之近""卑而骄之""怒而挠之"，这样欲扬先抑的激将法在行军作战中得到了很好的应用。在我们的生活中也是一样，如果懂得善用激将法，便能化解生活中很多棘手的问题。

施用激将法，除了要考虑对方身份以外，还要注意观察对方的性格。一般说来，一个人的性格特点往往通过自身的言谈举止、表情等流露出来，快言快语、举止简捷、眼神锋利、情绪易冲动，往往是性格急躁的人；直率热情，活泼好动、反应迅速、喜欢交往，往往是性格开朗的人；表情细腻，眼神稳定，说话慢条斯理，举止注意分寸，往往是性格稳重的人；安静、抑郁、不苟言笑，喜欢独处，不善交往，往往是性格孤僻；口出狂言，自吹自擂，好为人师，往往是骄傲自负的人；懂礼貌、讲信义，实事求是、心平气和，尊重别人，往往是谦虚谨慎的人。对于这些不同性格的说话对象，一定要具体分析，区别对待。

比如对待傲气十足的人，如果他对面子看得很重而讲究分寸，你不妨从正面恭维入手，让他飘飘然，因为虚荣而顺从你的意图。这种类型的人只要你说他长得高，他便会跳起脚给你看。

诸葛亮对关羽便采取此法。马超归顺刘备之后，关羽提出要与马超比武。为了避免二虎相斗，必有一伤，诸葛亮给关羽写了一封信："我听说关将军想与马超比武。依我看来，马超虽然英勇过人，但只能与翼德并驱争先，怎么能与你美髯公相提并论呢？再说将军担当镇守荆州的重任，如果你离开了造成损失，罪过有多大啊！"关羽看了信以后，笑着说："还是孔明知道我的心啊！"他将书信给宾客们传看，打消了入川比武的念头。

1812年拿破仑侵俄战争失败后，俄、英、普等国组成反法同盟军，开始反攻。拿破仑虽取得一些战役的胜利，但总的趋势每况愈下。法国的盟国奥地利一面积极备战，一面以停止结盟相威胁，提出了种种条件，拿破仑断然拒绝。

1813年7月,拿破仑在德累斯顿的马尔哥和宫会见奥地利使者梅特涅。说了几句客套话,问候了弗兰西斯皇帝后,他面孔一沉就单刀直入:"原来你们也想打仗。好吧,仗是有你们打的。我已经在包岑打败了俄国,现在你们希望轮到自己了。你们愿意这样就这样吧,在维也纳相见。本性难移,经验教训对你们毫无作用。我已经三次让弗兰西斯皇帝重新登上皇位。我答应永远和他和平相处。我娶了他的女儿。当时我对自己说:'你干的是蠢事。'但到底是干了,现在我后悔了。"

梅特涅看到对手火了,忘掉了自己的尊严。于是他愈发冷静,他提醒拿破仑说,和平取决于你,你的势力必须缩小到合理的限度,不然你就要在今后的斗争中垮台。拿破仑被激怒了,声言任何同盟都吓不倒他,不管你兵力多么强大,他都能制胜。拿破仑继续说道:"我和一位公主结婚,是想把新的和旧的、中世纪的偏见和我这个世纪的制度融为一体。那是自己骗自己,现在我充分认识到自己的错误。也许我的宝座会因此而倒塌,不过,我要使这个世界埋在一片废墟之中。"梅特涅无动于衷。拿破仑威吓不成,就改用甜言蜜语,哄骗笼络。可是不久,奥地利加入了第六次反法同盟的行列。

很显然,在这次较量中,胜利者是梅特涅。一贯以权谋多变著称的统帅拿破仑不能控制住自己愤怒的情绪,连连失态,说些大话、气话,想借此胁迫梅特涅。相反,梅特涅却能冷静处事,不辱使命,不失时机地以言辞激怒拿破仑,使其暴露内心世界。梅特涅的话语不多，但他一则表达了对欧洲和平的看法，即取决于拿破仑；二则也得出结论，拿破仑固执己见，不思变通，在欧洲联合进攻下，其失败的命运是注定的。后来的结果真的被梅特涅言中了。

诸葛亮用兵是一把好手，诸葛亮最爱用的办法之一就是"军令状"，"空口无凭，立书为证"。不但对马谡，就是刘备的铁杆兄弟张飞、赵云，当他们去打武陵、桂阳时，诸葛亮也要人家先立军令状。诸葛亮最爱用的办法之二是"激将法"，战马超之前要先激张飞，说谁也打不过马超，要请关云长来；打张郃前要激黄忠，说除了张飞谁也敌不过张郃；征孟获时又激赵云、魏延，要他们不听将令，私自出兵。不过，到后来大家也腻烦"激将法"了，在第九十九回"诸葛亮大破魏兵，司马懿入寇西蜀"，孔明曰："今魏兵来追……非智勇之将，不可当此任。"言毕，以目视魏延，延低头不语。任他怎么激，魏延就是装没看见。诸葛亮在这里碰了个橡皮钉子，想必恼火得很，也暗下了杀魏延的决心。

👁 手法隐蔽，激将的最大关键点

"激将法"的手法之所以好用，不仅仅是因为"挑逗"了对方的敏感神经，更重要的是，这样的做法十分隐蔽，在对方还没有猜透你的真正目的的时候，就已经不知不觉地钻进你的思想圈子。

"激将法"要求做到无形无色，因为现在大家太了解"激将法"，所以只有隐蔽无形的"激将法"才会发生作用。"激将法"要起作用，必须是能够激起愤怒，而且刺激自尊这样对方才会在无意识中透露出原本不愿意说出的真相。

有两个同事在一起，一个人对另一个人说："我怎么听说，今年年底好像公司年终奖金就你没发，你去老总办公室好像还被老总骂了一顿，这是怎么回事儿？"另外一个人立刻被激怒了，"谁说我没有发？你看看，我年底的薪水加奖金一共有2000元呢！"这就是用激将法，你本来不知道真相，不知道他奖金有多少，这样一激，他却自己说出来了。有时候刺激他的尊严，对方反而会把真相透露出来。

再比如，我们想了解一位小姐是否结婚了，我们可以这样问她："小姐，你结婚了没？""还没。""但是我听说，只是听说而已啊，你嫁给一个赌鬼，你每次薪水一拿到手就被你老公赌光了。""谁说的，谁说我结婚了？你今天晚上和我待了一个晚上，有没有看到什么人和我在一起？"这就是激将法，我们略施小计就把小姐的婚恋情况摸了个清楚。

第二次世界大战期间，美国海军击沉了一艘德国潜艇，并捕获了德军军官汉斯·克鲁普中尉。

这艘德国潜艇是最新式的潜艇，它装备了最新研制成功的感音鱼雷，这种感音鱼雷能够根据敌方舰船螺旋桨发出的声音跟踪追击，从而将敌船击沉。由于这种新式武器的产生，使德国的潜艇战术更加猖獗，盟军为之大伤脑筋。

美军为了获取资料，好不容易击沉了一艘德军的新式潜艇，但感音鱼雷随着整个潜艇葬于海底无法揭秘，所幸的是捕获了艇上的一名海军军官汉斯中尉。汉斯是参加感音鱼雷研制工作的，并且亲自操纵过这种新式武器，要揭开感音鱼雷的秘密，必须从汉斯中尉口中获得。

负责审讯汉斯的是美国海军军官泰勒上尉。他深知汉斯是个性格倔强的纳粹党人，所以以交朋友的方式同他接触，这一办法果然有效，使汉斯对泰勒有了好感。

一个周末的夜晚，泰勒邀请汉斯到家中下棋，两人谈得非常投机。在谈话中，汉斯突然考虑到自己被俘的身份，问道："你为什么不审问我？"泰勒不屑一顾地说："你只是一个普通的军官，有什么好问的。"汉斯有些被激怒了："我是一个经过专门训练的优秀的鱼雷军官。"泰勒的态度也显得有些狂妄："你们德国的海军在世界上根本排不上号，还谈什么鱼雷！"汉斯则更加激怒了："你太瞧不起人了，我们不仅有鱼雷，还有比你们先进得多的感音鱼雷。""哈——"泰勒一阵大笑，"你是在说神话吧，世界上居然还有感音鱼雷这个东西，没听说过，你别吹牛了。""真是少见多怪。"汉斯也控制不住了，他就手画了一张感音鱼雷的草图，并详细指明了这种新式武器的奥秘所在。

　　这一晚，两人尽情而散，泰勒获得了感音鱼雷的资料。美军根据这个资料很快找到了对付的办法，并且用于实践之中，从而抑止了德国这种新式武器的威力。

　　隐蔽的"激将法"，甚至可以用反其道而行之的做法。即人们与其叫他依命令行事，不如叫他做相反的事要来得更有用。如果说到让孩子用功读书，往往引起孩子的抵触情绪，他们很容易想"我如果不念书又会怎么样呢"？而他们如果被告知"不可以抽烟"。没准好多人的心理便生出好奇的想法，想偷偷抽抽看。人类一旦被人指示或命令，就会本能地产生反抗心理。

　　反用这种人类心理的是日本的青岛幸男。他的选举活动是"不战而胜"。他对游说、到场演说等竞选运动一概免除，更不知何时投票选举，甚至公开声明："我并不希望你们投票给我，一点都不希望你们投票给我，我甚至可以拜托各位，我一点也不想当选。"而后迅速出发到外国去了，结果却是高票当选。

　　如果有人到东京迪士尼乐园去，发现园中没有烟灰缸，因此问管理员："此地禁烟吗？"对方答复却是："不，不禁烟，烟灰请直接往下丢就行了。"但是，当你眼看周围却完全没有烟蒂，大概是因为清扫员不辞辛劳地立刻把垃圾和烟蒂迅速清除了吧！因此，游客一旦想抽烟时，反而不想在一尘不染的地面上丢下烟蒂了。

事实上,在东京迪士尼乐园,不知是否由于这种心理作用,吸烟的人较想象中少许多。虽然平日毫不在乎地乱丢烟蒂,但一旦被人公开地说"请丢",却反而不好意思。

对儿童的教育也是,光说"给我好好念书",会产生反效果,偶尔可试着说:"你尽量玩,没关系!"小孩一被这样说了后,也就不好意思毫不顾忌地大玩特玩了。

你如果处于拥有下属的地位的话,大概知道总是严厉训斥、大吼大叫的话,职员的工作效率不可能提高吧?偶尔也说说:"不必那么认真也可以啊!"试试看!对工薪阶层,因为知道业绩等于报酬的法则,所以上司的相反言语反而激发了干劲。

所以,想叫对方做某事时,特别是不想得罪对方时,试试反面的说法,也是有效的"激将法"。

◉ 抓住时机,愤怒者最容易被激将

"能忍耐,才是长久的基石——要把愤怒视为自己的敌人。"这是德川家康留给我们的箴言,告诉我们如果能控制愤怒,能忍耐,便能长长久久。而反言之,不懂得如何控制自己情绪的人,则很容易被挫败。激将法中利用愤怒的人的混乱情绪,就可以事半功倍了。

俗话说："树怕剥皮，人怕激气。"孟子说过："一怒而天下定。"这怒因刺激而起，勇气也从胆中生，可见这"激"的功用。所谓"激将"，是指对人而说，即激发他的勇气，替自己去执行任务，对个人来说是挑拨，对团体来说是煽动，手段不同，目的一样。下面这则故事也许很有启发：

从前，有一个人特别爱吃熟透的柿子，但最甜的熟透的柿子一般都在树的顶端，为了达到目的，他不得不冒着危险上到树的最高处采摘。因为顶端的树枝较细，一根树枝折断了他失足跌了下来，幸运的是他及时抓到了一根树枝。他吊在这根树枝上，上也上不去，下也下不来，同行的村民赶快找到了梯子和竹竿，但因为过高却无济于事。这时只见一位被人们称作智者的老者捡起一个石子，朝吊在树上的人投去，大家不解地看着智者，吊在树上的人更是气得大叫："你疯了，想让我摔下去吗？"智者不语，又捡起一个石子投了过去，这时吊在树上的人变得狂怒："等我下来一定给你点颜色瞧瞧！"不可思议的是，智者第三次捡起石子朝那个人投去，而且这次比上两次出手更重，吊在树上的人忍无可忍，感到不下来出这口恶气就枉为男人。在这种想法的激励下，他用尽全身力气，调动每一根神经，终于够到了更粗的树枝，当他安全地爬下树时，被称为智者的老者已不见踪影。有人忽然悟出了其中的奥妙："其实唯一给你帮助的人正是老者，正是他的反常举动激怒你，才使你发挥出超乎寻常的潜在能力，爆发出战胜困难的勇气。"

诸葛亮率领大军北伐曹魏时，迎战的魏国大将司马懿虽然也是三国时代的名将，可是对诸葛亮灵活的战术，常常觉得无计可施。吃了几次苦头后，干脆就闭城休战，采取不理不睬的态度来对付诸葛亮。因为他认定诸葛亮远道来袭，后援补给都很不方便，只要拖延时日，消耗蜀军的力量，最后一定可以把握战机，反败为胜。

果然，诸葛亮耐不住他的沉默战法，好几次派兵到城下骂阵，企图激怒魏兵，引诱司马懿出城决战，但魏兵在司马懿的控制下，一直闷声不响。所以，诸葛亮就想出了一着"激将法"：他派人送给司马懿一件女人的衣裳，并附上一封信说："如果你不敢出城应战，就穿上这件衣裳，我们也就回去了。如果你是一个真正的勇士，希望你堂堂正正地列阵决战。"

这封充满轻视的侮辱信，果然在曹魏的军营里激起很大的反应，那些少年气盛的部将纷纷向司马懿说："士可杀不可辱，像这种欺人太甚的信公然送来，如果我们一味地沉默，未免太懦弱了。我们希望主帅赶快下令，出城和蜀军决一生死。"司马懿虽然也被激怒了，但他毕竟老谋深算，知道蜀军人人怀着建功的心愿而来，斗志昂扬，在没有力竭以前，绝不好对付；所以在紧要关头，仍勉强把心中的怒气压抑下来，讲了许多精神鼓励的话，把自己的军心稳住，终于没有让诸葛亮的计谋得逞。

想一想，当时司马懿如果不能忍一时之气，贸然出城迎战，一战而败，那么结局将会如何呢？历史是不是可能会重写？人类喜欢争斗，因为自古以来即以成败论英雄，所以人们总是宁肯进攻而不肯撤退。宁肯轰轰烈烈打到剩下一兵一卒，也不肯无声无息地被看成是没勇气的懦夫。在这种心态下，坦白说，叫人忍耐，有时只是一种安慰或奢想而已。

第十章
做谈判中的"主持"者
—— 如何率先掌控对话主动权

👁 谈判无情,但需要和谐的氛围

和谐的谈判气氛是建立在互相尊重、互相信任、互相谅解的基础上,坚持该争取的一定要争取,该让步时也要让步,只有这样,才能赢得对方的理解、尊重和信任。如果对方是见利忘义之徒,毫无谈判诚意,只想趁机钻空子,那么,就必须揭露其诡计,并考虑必要时退出谈判。

任何谈判都是在一定的氛围中进行的,谈判氛围的形成与变化将直接影响到整个谈判的结局。特别是开局阶段,有什么样的谈判氛围,就会产生什么样的谈判结果,所以无论是竞争性较强的谈判,还是合作性较强的谈判,成功的谈判者都很重视在谈判的开局阶段营造一个有利于自己的谈判氛围。

谈判是双方互动的活动,在尚未营造出理想的谈判氛围之前,不能只考虑自己的需要,更不可不讲效果地提出要求。

在谈判中,谈判者的言行、谈判的空间、时间和地点等都是形成谈判氛围的因素。但形成谈判氛围的关键因素是谈判者的主观态度。谈判者要积极主动地与对方进行情绪上、思想上的沟通,而不能消极地取决于对方的态度。应把一些消极因素努力转化为积极因素,使谈判氛围向友好、和谐、富有创造性的方向发展。

议程制定好之后，就要准备开始谈判了。为了使谈判更顺畅，还要营造一个非常好的谈判氛围。营造良好的谈判氛围需要提前做如下准备。

1. 准备谈判所需的各种设备和辅助工具

如果在主场谈判更易做好，但如果到第三方地点去谈，就要把设备和辅助工具带上，或者第三方的地点有相应的设备和辅助工具；如果是在客场谈判同样也需要数据的展示、图表的展示，所以要把相应的设备、辅助的工具准备好。临阵磨枪会让人觉得你不够专业。

2. 确定谈判地点——主场/客场

谈判时，到底是客场好还是主场好，根据不同的内容和不同的谈判对手可以有不同的选择。如果是主场，可以比较容易地利用策略性的暂停，当谈判陷入僵局或矛盾冲突时，作为主场可以把谈判暂停，再向专家或领导讨教。

3. 留意细节——时间/休息/温度/点心

调查表明，一般人上午11点的精力是最旺盛的，如果自己精力最旺盛的时间是下午两点，而对方下午两点钟容易困，我们就可能把时间选择在下午两点开始。一般谈判不要放在周五，周五很多人都已经心浮气躁，没有心思静下心来谈，谈判很难控制，结果可能就不是双赢。

同时谈判现场的温度调节也需要考虑。从一般的谈判经验来讲，谈判现场的温度要尽量放低一点，温度太高人往往容易急躁，容易发生争吵、争执，温度放得低一点效果会更好。

谈判现场是否安排点心，是否有休息，这都是营造一个好的谈判氛围必须考虑的。可以迟一点供应点心或者吃午餐、晚餐，让大家有饥肠辘辘的感觉，会有利于推进整个谈判的进程。

4. 谈判座位的安排

谈判座位的安排有相应的讲究。一般首席代表坐在中间，最好坐在会议室中能够统领全局的位置，比如圆桌，椭圆桌比较尖端的地方。"白脸"则坐在他旁边，给人一个好的感觉。"红脸"一般坐在离谈判团队比较远的地方。"强硬派"和"清道夫"是一对搭档，应该坐在一起。最好把自己的"强硬派"放到对方的首席代表旁边，干扰和影响首席代表，当然自己的"红脸"一定不要坐在对方"红脸"的旁边，这样双方容易发生冲突。通过座位的科学安排也可以营造良好的谈判氛围。

谈判人员中一般有首席代表、白脸、红脸、强硬派和清道夫5种角色，他们在谈判中发挥着不同的作用；一人可以扮演一个或多个角色，但不管怎样，这些角色是缺一不可的。在谈判中还要设定自己的底线，并在谈判中把自己的底线告诉对方，底线是不能随便更改的，在谈判中一定要坚持这一原则。在谈判之前还要拟订一个谈判原则，避免仓促上阵，做到有备而来，有备无患。为了谈判的顺利进行，还应在谈判中营造一个良好的谈判氛围，尽量使双方满意。

在一次谈判中，谈判对方的首席代表是一个非常精益求精、对于数字很敏感、做事情非常认真、要求非常高的人。针对谈判对手的这一特点，主场方在安排座位的时候，故意把对方的首席代表有可能坐的位子固定下来，然后在他对面的墙上挂张画，并且把画挂得稍微倾斜。当这位首席代表坐到该位置上时，他面对的是一张挂歪了的画，而他本人是一个追求完美的人，他的第一个冲动是站起来把那张画扶正。但是因为他们不是主场，不可能非常不礼貌地去扶正，这使得他在谈判中受到了很大的影响，他变得焦虑、烦躁，最后整个谈判被主场方所控制。所以，有时可以利用主场优势来达到谈判的某些目的。

当然，客场也有相应的好处，客场就是自己带着东西到对方那儿去谈。作为主方容易满足对方的要求，当自己作为客方的时候，也可以提出一些要求，如可以把谈判议程要过来。当然因为客场是不熟悉的环境，会给谈判者带来这样或者那样的不安，因此要做好充分的思想准备。还有一种情况是既不是主场也不是客场，即在第三方进行谈判，这时我们必须携带好各种各样的工具、设备和有关资料，因为大家对环境都不熟悉，相对比较公平。

营造良好的谈判氛围要注意以下几个问题：

1. 利用非正式接触调整与对方的关系

在开局阶段，由于谈判即将进行，即便是以前彼此熟悉，双方也都会感到有点紧张，初次认识的更是如此，因而需要一段沉默的时间。如果洽谈准备持续几天，最好在开始谈生意前的某个晚上一起吃一顿饭，影响对方人员对谈判的态度，以调整与对方的关系，有助于在正式谈判时建立良好谈判气氛。

2. 心平气和，坦诚相见

以开诚布公、友好的态度出现在对方面前。谈判之前，双方无论是否有成见，身份、地位、观点、要求有何不同，既然要谈判，就意味着双方共同选择了磋商与合作的方式解决问题。切勿在谈判之初就怀着对抗的心理，说话表现出轻狂傲慢、自以为是等。那样，会引起对方的反感、厌恶，影响谈判工作的顺利进行。

商务谈判是一种建设性的谈判，这种谈判需要双方都具有诚意。具有诚意，是谈判双方合作的基础，也是影响并打动对手心理的策略武器。有了诚意，双方的谈判才有坚实的基础，才能真心实意地理解和谅解对方，并取得对方的信赖，才能求大同存小异取得和解和让步，促成上佳的合作。

3. 不要在一开始就涉及有分歧的议题，运用中性话题，加强沟通

谈判刚开始，良好的氛围尚未形成，最好先谈一些友好的或轻松的话题。如气候、体育、艺术等话题进行交流。缓和气氛，缩短双方在心理上的距离；对比较熟悉的谈判人员，还可以谈谈以前合作的经历，打听一下熟悉的人员等。这样的开场

白可以使双方找到共同的话题，为更好地沟通做好准备。

👁 语言中不要有"被动形式"

在语言中，最好不要有被动形式，如"被……""让……"，因为这样会给听众留下消极、被动的印象。

在商务谈判中怎样提问，如何答复对谈判者来说是至关重要的。掌握了谈判中提问与答复的语言技巧，也就抓住了谈判的主动权。

曾有一家大公司要在某地建立一个分支机构，找到当地某一电力公司要求以低价优惠供应电力，但对方态度很坚决，自恃是当地唯一一家电力公司，态度很强硬，谈判陷入了僵局。这家大公司的主谈私下了解到了电力公司对这次谈判非常重视，一旦双方签订合同，便会使这家电力公司经济效益起死回生，逃脱破产的厄运，这说明这次谈判的成败对他们来说关系重大。这家大公司主谈便充分利用了这一信息，在谈判桌上也表现出决不让步的姿态，声称："既然贵方无意与我方达成一致，我看这次谈判是没有多大希望了。与其花那么多钱，倒不如自己建个电厂划得来。过后，我会把这个想法报告给董事会的。"说完，便离席不谈了。电力公司谈判人员叫苦不迭，立刻改变了态度，主动表示愿意给予最优惠价格。至此，双方达成了协议。

在这场谈判中，起初主动权掌握在电力公司一方。但这家大公司主谈抓住了对方急于谈成的心理，运用语言掌握了谈判的主动权，声称自己建电厂，也就是要退出谈判，给电力公司施加压力。因为若失去给这家公司供电，不仅仅是损失一大笔钱的问题，而且可能这家电力公司还要面临着破产的威胁，所以，电力公司急忙改变态度，表示愿意以最优惠价格供电，从而使主动权掌握在大公司一方了。这样通过谈判的语言技巧的运用，突破了僵局，取得了成功。

针对性语言的针对性要强，要做到有的放矢。针对不同的商品、谈判内容、谈判场合、谈判对手，要有针对性地使用语言。比如谈判对象由于性别、年龄、文化程度、职业、性格、兴趣等的不同，接受语言的能力和习惯性使用的谈话方式也不同。

在商务谈判中忌讳语言松散或像拉家常一样的语言方式，尽可能让自己的语言变得简练，否则，你的关键词语很可能会被淹没在拖拉繁长、毫无意义的语言中。一颗珍珠放在地上，我们可以轻易地发现它，但是如果倒一袋碎石子在上面，再找珍珠就会很费劲。同样的道理，我们人类接收外来声音或视觉信息的特点是一开始专注，注意力随着接收信息的增加会越来越分散，如果是一些无关紧要的信息，更容易被忽略。因此，谈判时语言要做到简练、针对性强，争取让对方大脑处在最佳接收信息状态时表述清楚自己的信息。如果要表达的是内容很多的信息，比如合同书、计划书等，那么适合在讲述或者诵读时语气进行高、低、轻、重的变化，比如重要的地方提高声音，放慢速度，也可以穿插一些问句，引起对方的主动思考，增加注意力。在重要的谈判前应该进行一下模拟演练，训练语言的表述、突发问题的应对等。在谈判中切忌模糊、啰嗦的语言，这样不仅无法有效表达自己的意图，更可能使对方产生疑惑、反感情绪。在这里要明确一点，区分清楚沉稳与拖沓的区别，前者是语言表述虽然缓慢，但字字经过推敲，没有废话，而这样的语速也有利于对方理解与消化信息内容，在谈判时要推崇这种表达方式。

◉ 通过"问题攻势"来占据上风

一般来说，向对方有技巧地问问题，也是一种攻势。

一位年轻人到某银行的一个实力雄厚的分行任行长，他确实非常年轻，一点都不威严。银行中经验丰富的老职员们都发牢骚说："难道就让这小子来指挥我们？"

但是，分行行长一到任，就立刻把老职员们一个个找来，连珠炮般问起了问题。

"你一周去A食品公司访问几次？每个月平均能去几次？"

"制药公司的职员是我们的老客户，他们在我们银行开户的百分比是多少?"

……

就这样,这位年轻的分行行长问倒了所有的老职员,也在新单位中树立起了领导威信。

如果你想在和对方的谈话中占上风,就应该提前准备很多估计对方根本回答不上来的问题,连续向他发问。对方回答不了这些问题,就证明你占了上风。

有的研究者认为这种连珠炮似的发问就像"蜜蜂振动翅膀发出的令人烦躁的声音",把它叫作"蜂音技巧",这是一种用让人心烦的聒噪声来驳倒对方的战术。人们对于涉及详细数字的问题,都不可能立刻回答出来,所以这个战术十分有效。假如对方一下子就回答出来,那就继续追问"除此之外,你还能举出什么例子吗?"等问题,直到对方哑口无言。到最后,对方一定会回答不出来的。

故意问对方你知道的事情,也许会被认为是不怀好意。但是,问题攻势的目的是使对方丧失气势,所以你绝对不要心软,要尽量使用这个办法。

如果商业谈判的对手阅历比你丰富,学历比你高,你可能会觉得非常没有自信。在这种己不如人的场合下,就要使用"蜂音技巧"。当你看到对方面露难色的时候,你肯定能逐渐平静下来,恢复自信。

既然通过"蜂音技巧"展开问题攻势的目的是驳倒对方,

那么一定要切记,你所提出的问题要抽象、模糊,尽量找对方不好回答的问题。

谈判是一件很严肃的事情,双方在谈判桌,既不能有戏言,说过的话又不能随便反悔。因此要谨慎发表意见,而提问的应用技巧则显得尤为重要。谈判中提问的技巧有下面几点:

1. 作为提问者,首先应该明白自己想问的是什么,如果你想要对方明确的回答,那么提出的问题也必须要明确具体。一般情况下,一次提问只提一个问题。

2. 注意问话的方式:问话方式不同,引起对方的反应也会不同。比较下面两句问话:"赵总,您提出的附加条件这么高,我们能接受吗!"(这样的问话容易给对方造成压力。)

"赵总,这些附加条件远远超出了我的估计,我们一般只是运到车站,不送仓库,有商量的余地吗?"(这样的问话有利于问题的解决。)

3. 掌握问话的时机:在谈判中,合理掌握问话时机非常重要,不要打断对方的思路,应选择对方最适宜答复时发问。

"赵总,您只购4套设备,我还是按照交易的次数给您算运费,这已经是我们的底线了,您现在还有什么顾虑呢?"

4. 考虑问话的对象:谈判要看对象,性格不同的人,提问方式也应该不同。比如对方性格急躁,提问就不要拖泥带水,比如对方性格严肃,提问就要认真,对方幽默风趣,提问不妨活泼一点。

◉ 避而不答，转换话题

对方采取"蜂音技巧"时，要采取什么对策比较合适呢？这时候就需要我们"不走寻常路"，巧妙地变换一下原有的套路，绕过话题的死角，做一个八面玲珑的谈判者。

一个头脑呆板僵硬的谈判者，很可能将一次成功的谈判引入死胡同，而一个既讲原则又会变通的优秀谈判者，却可能把一个已经进入死胡同的谈判拯救出来，使谈判产生"柳暗花明又一村"的新景象。

在谈判中，你可能会遇到这种场面：对手从一开始就先发制人，不接纳你的任何言辞，用"你赶快回答我！"等言语，逼迫你回答某些不好回答的问题。

在这种情况下应当怎么办呢？可以绕开对方提出的问题，给予及时的回答，回答时应尽量转移对方的话题。此时，你可以这样说："我不知道我这样的回答能否直接回答您的问题。"而后，你可以把对方质问范围边缘的不太重要的事说出，避开正面冲突，转移话题。并且做出十分诚恳的样子，使对方能够顺着你的话题，把谈判继续进行下去。

在对方提出己方最难于接受的问题时，应尽力把对方的注意力由敏感问题转移到己方可以接受且对方认为同样重要的问题上。你可以向对方说："你说的问题很重要，但是还有一个问题更重要,我想你一定也这么认为。"然后把要说的问题向他说明,使其认为该问题具有同样的或更高的重要性。

松下幸之助是个极具智慧的商人。在他的领导下,松下公司日渐强大,成为世界上著名的电器生产企业。一次,松下幸之助去欧洲与当地一家公司谈判。由于对方是当地一个非常有名的企业,不免有些傲慢。双方为了维护各自的利益,谁都不肯做出让步。以至于谈到激烈处,双方大声争吵,甚至拍案跺脚,气氛异常紧张,尤其是对方,更是丝毫也不客气。松下幸之助无奈,只好提出暂时中止谈判,等午餐后再进行协商。

经过一中午的修正,松下幸之助仔细思考了上午双方的对决,认为这样硬碰硬地与对方干,自己并不一定能得到好果子吃,相反可能谈不成这笔买卖。于是开始考虑换一种谈判方式。而对方仗着自己具有"天时、地利、人和"的优势,丝毫不愿做出让步,打定主意要狠狠地杀一下松下幸之助的威风。

谈判重新开始,松下首先发言,而对方个个表情严肃,一副志在必得的样子。松下并没有谈买卖上的事,而是说起了科学与人类的关系。

他说:"刚才我利用中午休息的时间,去了一趟科技馆,在那里我深受感动。人类的钻研精神真是值得赞叹。目前人类已经有了许多了不起的科研成果。据说'阿波罗11号'火箭又要飞向月球了。人类的智慧和科学事业能够发展到这样的水平,这实在应该归功于伟大的人类。"对方以为松下是在闲聊天,偏离了谈判的主题,也就慢慢地缓和了紧张的面部表情。松下继续说:"然而,人与人之间的关系并没有如科学事业那样取得长足的进步,人们之间总是怀着一种不信任感。他们在相互憎恨、吵架,在世界各地,类似战争和暴乱那样的恶性事件频繁地发生在大街上。人群熙来攘往,看起来似乎是一片和平景象。其实,人们的内心深处相互进行着丑恶的争斗。"他稍微停了一会,而对方越来越多的人被他的话吸引,开始集中精神听他谈话。接着,他说:"那么,人与人之间的关系为什么不能发展得更文明一些,更进步一些呢?我认为人们之间应该具有一种信任感,不应一味地指责对方的缺点和过失,而是应持一种相互谅解的态度,携起手来,为人类的共同事业而携手奋斗。科学事业的飞速发展与人们精神文明的落后,很可能导致更大的不幸事件发生。"

此时,人们的注意力已经完全被松下所吸引,会场一片沉默,人们都陷入了深深的思索之中。随后,松下逐渐将话题转入到谈判的主题上,谈判气氛与上午完全不同,谈判双方成了为人类共同事业而合作的亲密伙伴。欧洲的这家公司接受了松下公司的条件,双方很快就达成了协议。可以说,在关键时刻松下先生谈判言语方向的转移为谈判铺垫了走向成功的道路。

👁 通过"表情和姿势"控制对话

人们常把对话比作接投球练习。在接投球练习中，如果投球速度太快，对方就接不到球；如果总是一个人拿着球，接投球练习压根儿就不能成立。与此相同，在对话中能不能顺利地交替发言是非常重要的。

"语言调整动作"，是指一系列的动作，其作用就是调整对话，所以我们要有意识地训练一些语言调整动作，巧妙运用到位就能让说话的对象加快语速、放慢语速、持续发言或是结束发言。

下面是几种语言调整动作，建议大家适当运用。

一、想让对方加快语速，只叙述要点时

有时候对方慢条斯理地开始讲话，而你根本没有时间一一去听，这种情况下，可以做出快速点头的动作，这个动作会向对方传达快点结束讲话和希望对方只讲要点的信号。反之，如果你做出慢慢点头的动作，就是向对方传达"你的话很有意思，请继续说下去"的信号。

二、想让出发言时（想让对方讲话时）

如果你意识到不应该只是自己一个人讲话，想要把发言权让给对方，就降低音量，减慢语速，拖长最后一个字，视线下垂等，这都是向对方发出交换发言权的信号。此外，你说完最后一句话，直视对方，这也是表示"好了，现在该你讲了"的意思。如果这样对方还没有讲话，你就可以轻轻拍一下对方的身体催促他讲话。

三、对方发言过多，想让他停止时

对于讲起话来像机关枪一样的人，你可以试一下抬起食指这个动作，这个动作表示"我稍微打断一下，可以吗"的意思。这和我们在学生时代，想在课堂上发言时要举手示意是一样的。

四、想表达"我不想再听下去"的意思时

几乎在任何场合，低头看表、唉声叹气都能让对方停止说话，但是这些动作会让对方心生不快。与此相比稍微委婉一点的方法是，一直把胳膊抱在胸前。如果这样对方还没有注意到而继续讲话，你就利用视线下垂、跷着腿晃来晃去的动作，表示"我觉得很没有意思"的信号。摸摸鼻子、摸摸耳朵这些动作也都表示"你能不能快点结束啊"的意思。

五、你想继续讲下去时

当你想继续讲下去，而对方发出了"让出发言权"的信号时，你也可以无视他的意见。这时，你可以伸手将对方的胳膊轻轻按下去，也就是一边说着"嗯、嗯"，一边让想站起来的对方坐下去。这表示"我还没有说完，请稍等"。

如果你想让谈判和讨论向着有利于自己的方向发展时，应该轻轻触碰对方的胳膊，表示"现在还是我说话的时间"。但是，如果多次重复这个动作，对方就会等得失去耐心。

当然，生活中的语言调整动作太多太多了。大家要不断地总结，有意识地去运用，全面提升自己的讲话能力和谈判技巧。

👁 让对手感觉到你的"气势"

在谈判过程中，让对手感受到你强大的气势是十分重要的。

势，即势如破竹、势在必得、势不可挡，通俗来讲就是个人的气势，敢作敢为、敢作敢当、敢怒敢言的态度！

坚持自己的立场，不屈不挠。尤其是砍价的时候，一定得沉得住气，客户如果已经正儿八经地和你谈价格或者付款方式的时候，他基本上已经确定给你做了。这时候比的是谁更冷静，谁才是胜出者，客户当然希望你的价格降得越多越好，而我们当然希望利润越多越好，将这两者的关系平衡得恰到好处，我们就是胜出者！所以，首先得在气势上压倒客户，肯定公司的产品或者服务就是值这个价！降一分都是对公司的不认可，对自己的能力打了折扣。下面，我们通过一个新员工的眼睛，对经理谈判现场进行一番观察：

"昨天和我们经理去谈判价格的时候，我充分领略到了他的魄力！首先在等客户的时候，他就这瞄瞄那瞄瞄，四处转悠，就像是自己家里一样，客户来了，他就和客户坐同一排座位上，跷个二郎腿开始谈判！谈判过程中他手舞足蹈，声音比客户的还大！条理清楚，表述得当，善于察言观色，并且引导客户的思路与之同步！最终维持原价，签下合同，让人不可思议的是，客户居然还说：'就这样确定了哦，你再不要变了哦，价格就是这样了，确定了哦！'客户居然认为以这样的价格签合同竟然是他占到了便宜。但事实上，利润高达100%。"这就是一种气势、一种魄力，更是一种谈判的艺术。

掌握这一技巧，在更多的时候让我们掌握了谈判的主动权，就更加能够使我们旗开得胜。处处表现得小心翼翼，唯命是从，客户的一切要求都是合理的，有道理的，我们就要那样去做，有的时候反而适得其反，让人觉得你没有主见，不可信任。

在谈判中说绝话对性的话表现自己的气势。即在谈判中，对己方的立场或对对方的方案以绝对性的语言表示肯定或否定的做法。该做法有点像"拼命三郎"，敢于豁出去从而在气势上震慑对方。

具体表达方式有："不论贵方如何看待我的态度，我认为我们给出的条件是最公平的，不可能再优惠了。""我宁可不要该笔交易，也不会同意贵方意见。"有表达方式的绝对，有用词的绝对，诸如不论、宁可、只要、决不、只有、已经等。

但要注意说绝对性的话时相对的事——论题。有的不应绝对，就不要以绝对性的话说。此外，绝对具有双重作用：或真的无可选择，或仅做姿态施压。

《孙子兵法》中言道："激水之疾，至于漂石者，势也；鸷鸟之疾，至于毁折者，节也。故善战者，其势险，其节短。势如彍弩，节如发机。纷纷纭纭，斗乱而不可乱；浑浑沌沌，形圆而不可败。乱生于治，怯生于勇，弱生于强。治乱，数也；勇怯，势也；强弱，形也。"这段话所讲述的是一个精明的指挥家应该利用地形、时机等一系列条件因素来鼓舞士气、振作军威。也就是商务谈判中所谓的"造势"。这里的造势有两个概念：一是振奋自己的气势；二是形成打压对方的局势。在谈判中我们要做到的就是这个。一方面，我们要充分准备，加强同步的沟通和联系及彼此之间的鼓励来凝聚己方的力量和培养自己的自信心，在气势上压倒对方，力求在心理上占有优势。另一方面也要借助一系列事物，如谈判的价格，交易时间和交易地点的确定能给对方施加压力，使他们陷于被动局面，最终使得整个谈判的局势向我方倾斜。

不让别人接近你，就能增强你的气势。当和对方一起入座时，可以把椅子向后拖一拖；谈判中，可以装着伸脚，自然地把椅子往后挪一点；也可以在中途休息后故意往后拉一点；并肩坐时，可以把包或上衣放在你和对方之间，设置屏障。

◉ "极力宣扬"反而会让人心生疑虑

在日常生活中，谁都有缺点失误，难免会遇上尴尬的处境，往往都喜欢遮遮掩掩，或极力辩解。其实那样反而越是心理失衡，越描越黑，有点"此地无银三百两的味道"。

要想促成谈判，你必须使用高超的语言技巧，以免使自己被谈判对手看作是一个不诚实的谈判者和合作者。

卡尼是美国摄影界非常知名的商业摄影师，每当他给别人拍照片的时候，他从来都不会对被拍摄的人说"笑一笑"。如果你是一名摄影师，你肯定会觉得做到这一点很难。但卡尼觉得，不用"笑一笑"这样的说法而使对方笑出来会让自己的工作更富于创造性。他的摄影作品中，人物多数面带笑容，这说明卡尼的办法是有效的。他避免了使用陈旧的、缺乏想象力和不真诚的语言，反而取得了很好的效果。

在这个竞争激烈和信息爆炸的时代里，夸耀自己的优点，掩饰自己的缺点，可谓是人的本性。然而，各个商家都在竭力宣扬自己的长处，同时竭力掩饰自己的短处，消费者被淹没在了各种自卖自夸的宣传海洋之中，窒息得喘不过气来，对这种积极宣扬自己长处的产品早已产生了逆反心理。

因此，对于商家来说，此时如果反其道而行之，以承认自己短处的方式出场，也许会很容易引起人们的积极关注。因为，在这个时候商家是站在消费者的角度上的，他们承认自己的弱点虽然是违背企业和个人本性的，但人人都在自夸，只有你在认错，人们当然更愿意听你诉说。试想，当一个人找到你诉说他的困难时，你一定会立即注意倾听并愿意提供帮助，而如果一个人开口就向你炫耀他的长处，你反而不一定会感兴趣。承认自己短处还可以给人一种坦诚的好印象，而坦诚能够解除人们对你的戒备心理，使你赢得信任。最后，当你向人们承认自己的短处时，人们就会信以为真，并立即接受你，不需要任何的证明；相反，对"王婆卖瓜，自卖自夸"式的宣传，人们常常持怀疑态度，你必须通过证明才能使人们接受。

对于商家来说，虽然营利很重要，但是，当你承认自己的缺点，从而引起人们对你的关注、信任和好感时，你再转向积极的宣传，变缺点为优点，变劣势为优势，达到以退为进的目的，这样宣传的效果将会更加达到商家的盈利目的。

英国有一家生产漱口水的公司，它生产的漱口水味道很难闻，被公认为是一种缺点。而在这个时候，有一种叫"好味道"牌的漱口水向其发起攻击。如果这家公司站出来狡辩，说它的味道是一种特殊的"好味道"，其结果自会适得其反，使事情变得更糟。这家公司没有这样做，而是公开宣称这种漱口水是"使你一天憎恨两次的漱口水"，出色地运用了坦诚相见的战略。而结果却让人出乎意料，这种公然承认自己缺点的举动，竟然赢得了消费者对其的信任和好感，人们认为这家公司很诚实。而后，这家公司抓住机会，又转入了积极的宣传，称这种漱口水"会消灭大量细菌"。

这种说法很符合产品的特性，消费者认为，气味像杀虫剂一样的东西一定能消灭细菌，消灭细菌当然比口味更重要。结果，这种牌子的漱口水更为畅销。这家公司巧妙地利用了人们对口味不好这一缺点的认识，然后变其缺点为优点，将劣势转化为优势，高度的坦诚使这家公司克服了气味的危机。

11

第十一章

不战而屈人之兵
—— 占据制高点让他屈服的博弈思维

害怕是藏在每个人心中的毒蛇

在面对各种挑战时,也许失败的原因不是因为势单力薄,不是因为智能低下,也不是没有把整个局势分析透彻,反而恰恰是把困难看得太清楚,分析得太透彻,考虑得太详尽,以至于被困难吓倒,举步维艰了。

弗洛姆是美国著名的心理学家。一天,几个学生向他请教:心态对一个人会产生什么样的影响?他微微一笑,什么也不说,就把他们带到一间黑暗的房子里。

在他的引导下,学生们很快就穿过了这间伸手不见五指的神秘房间。接着,弗洛姆打开房间里的一盏灯,在这昏黄如烛的灯光下,学生们才看清楚房间的布置,不禁吓出了一身冷汗。原来,这间房子的地面就是一个很深很大的水池,池子里蠕动着各种毒蛇,包括一条大蟒蛇和三条眼镜蛇,有好几只毒蛇正高高地昂着头,朝他们嗞嗞地吐着芯子,水池上面有一座桥,刚才他们就是从这座桥上通过的。

弗洛姆看着他们,问:"现在,你们还愿意再次走过这座桥吗?"大家你看看我,我看看你,都不作声。

过了片刻,终于有三个学生犹犹豫豫地站了出来。一踏上去就战战兢兢，如临大敌。

"啪"，弗洛姆又打开了房内另外几盏灯，学生们揉揉眼睛仔细看，才发现在小木桥的下方安着一道安全网。

弗洛姆大声问："你们当中有谁愿意现在就通过这座小桥？"学生们没有作声，谁也不敢上前。

"现在看到了安全网，你们为什么反而不愿意过桥了呢？"弗洛姆问道。

"这张安全网的质量可靠吗？"学生们心有余悸地反问。

弗洛姆笑了："我可以解答你们当初的疑问了，这座桥本来不难走，可是桥下的毒蛇对你们造成了心理威慑，于是你们就失去了平静的心态，乱了方寸，慌了手脚，表现出各种程度的胆怯。其实水池里那些蛇的毒腺早已经被除掉了。"

人生也是如此。在面对各种挑战时，也许失败的原因不是因为势单力薄，不是因为智能低下，也不是没有把整个局势分析透彻，反而是因为把困难看得太清楚，分析得太透彻，考虑得太详尽，以至于被困难吓倒，举步维艰了。如果我们在通过人生的独木桥时，能够忘记背景，忽略险恶，专心走好自己脚下的路，我们也许能更快地到达目的地。

先找理由，威慑也需要有凭据

威慑的前提之一便是气势汹汹的样子要装得像模像样。只有对方产生了怯意，才能将对方唬住。

鬼谷子在《本经阴符七术》里说的关于威慑对手的方法，大致的意思是发挥盛大的威力，依靠内部充实坚定；内部充实坚定，威力的发出便没有什么可以抵挡；没有什么抵挡，就能以发出的威力震慑对方，那威势便像天一样壮阔。

显然，在鬼谷子看来，威力与兵力是密切相关的，威力是兵力的显示，兵力是威力形成的基础。以兵力为后盾的威力发挥，既可以增强己方队伍思想和行动的一致性，从而增强兵力，同时也能威慑对手，从而打乱其阵势。如果离开相应的兵力基础去使用威力，就无法达到预期的目的，而且还会增加困难和陷自己于危险的境地。

东汉时的廉范是战国时赵国名将廉颇的后代，曾经做过云中太守。当时正值匈奴大规模入侵，报警的烽火天天不断。按照旧例，敌人来犯如超过五千人，就可以传信给邻郡。廉范手下的官吏想要传布檄文，请求援助。廉范没有同意，而是亲自率领仅有的少数部队，前往边境抵御来犯的匈奴骑兵。

匈奴人多势盛，廉范的兵力比不过匈奴，正巧日落西山，廉范命令战士们每人将两根火炬交叉捆在一起，点燃其中的三个头,另一头拿在手中,分散在营地和营地周围列队,顿时火点如同满天的繁星,很是壮观。匈奴军队远远望见汉军营地扩大,火烛甚多,以为来了许多援军,大为惊恐。廉范对部下说:"现在我们的谋略是,乘黑夜用火去突袭匈奴,使他们不了解我们究竟有多少人,这样他们肯定会吓得魂飞胆丧,我们就可以把他们全部歼灭。"

清晨敌人将要撤退的时候,廉范命令部队直奔匈奴营地,正赶上天刮起大风。廉范命令十几人拿着战鼓埋伏在匈奴营房后面,同他们约定,一见大火燃烧,要一边击鼓,一边呼叫。其他人都拿着兵器和弓箭,埋伏在敌营大门的两边,廉范于是顺风放火,前后埋伏的人击鼓的击鼓,呐喊的呐喊。匈奴军队猝不及防,乱作一团,慌乱之中自相践踏,死亡上千。汉军又趁势追杀,歼敌数百名,取得了重大胜利。从此以后,匈奴再也不敢侵犯云中了。

威慑的前提之一便是气势汹汹的样子要装得像模像样。只有对方产生了怯意,才能将对方唬住。一个胆小自卑的人无法威慑对方,弄不好还会害了自己。以小充大,以弱充强,说到底是勇气的较量,意志的搏斗。

王莽当了大司马,位极人臣,还需要什么呢?他想要个更高的名号。他想要代替辅助周成王的那个圣人周公姬旦,周公居摄六年,替周成王处理国事三年,制礼作乐,天下太平。南方越裳国派人给周公献上白雉。王莽为了冒充周公,暗示别人叫塞外夷人来献白雉。王莽趁机将白雉送给宗庙作祭品。

于是，王莽的吹鼓手们就借此大吹大擂，说王莽安宗庙，也像霍光安宗庙那样有功劳，当时霍光益封，王莽也应该增加三万户的爵邑。汉代数爵的等级以户数作为计数单位，所谓万户侯，就是得万户爵位的侯。所封的居民户是封侯者所统治的，这些户向封侯者纳税和服役。封的户越多，财产也越多，实力也越大。但是，这些实力都有限，天子管的郡，大的如汝南郡，达四十六万多户。诸侯国，小的如广阳国、泗水阅，都只有两万多户。封霍光达三万户，已相当于一个小郡、小国，其他人封侯，多数是几百户、几千户。

王莽亲信们先将王莽比喻为霍光，再进一步比萧相国萧何，萧何是刘邦时的名相。再用"白雉"的瑞符，把王莽比作周公。所谓"白雉之瑞，千载难符"。既然王莽与周公有相同的瑞符，那么就应该增加封邑，赐予尊号，王莽早就拟好了尊号，叫"安汉公"。王莽亲信说，只有赐号"安汉公"，才"上应古制，下准行事，以顺天心"。

太后同意了。王莽如果因此就接受了，那还可能出现麻烦。为了得到，故意推辞，这是《老子》哲学的"将欲取之，必先予之"的灵活应用。世俗都贪利，辞却有利的事就会在社会上产生轰动效应。当官是有大利的，读经就是为了做官。皇帝如果来征召，那是一般人巴不得的大喜事。

"敲山震虎"的效果毋庸置疑，但也要知道，敲山之前要先打探好老虎住在哪座山里。

👁 气势第一,关键时刻要壮胆

在博弈过程中,即使自己没有自信一定会赢,也要先有气势,以免先输了阵势。

孙子认为,善战者最重视气势,而不过分苛求每个士兵之强弱。而我们生活中也能经常发现以势取胜的经验。爱看足球比赛的人都知道,足球比赛有一句至理名言,那就是"足球是圆的"。它的意思是说球场上风云变幻,胜负并不全依强弱而定。那么,是什么因素使得足球比赛具有这样的魅力呢?无疑,其中一个特点就是气势。所谓"主场之利",指的就是主队士气上升,具有了气势,在这样的情况下,往往有超水平的发挥。

中国古代战场上双方对垒时,都会擂起战鼓,声音越高,士气就越旺盛,士兵斗志越强。鲁国与齐国打仗,就先让齐国擂鼓,开始时,鼓声惊天动地,齐军士气高昂,鲁军按兵不动。渐渐地,齐军战鼓声越来越小,士气也就渐渐低下去,这时鲁军猛敲战鼓,一鼓作气,将齐军打败。你的声音就是你天生的武器,只要你表现出勇气十足,你的勇气就来了。表现勇敢则勇气来,退缩则恐惧来。宏大而响亮的声音,可以给对手有信心的印象,自己也能借此产生坚强的信心,进而获得意料不到的效果。在辩论或争吵中，有人会不由自主地提高自己的嗓音，以期盖过对手，这就是对"嗓音可以增强信心"的本能利用。

下面介绍一些壮胆的办法，以便在关键时刻不畏恐吓或敢于威慑对方：

一、在胆怯或自卑时，找出对手的弱点，先在心里将对手打倒是一种方法

在感到对手的威吓时，就去找出对手可笑的地方，当你想着他的可笑时，压迫感、胆怯感就会全都消失了。假如在你目所能及的范围内挑不出对手的毛病，那就想象一下他在其他场合的卑微，这样也会把对手从权威或力量的宝座上硬拉下来。比如，分公司里为所欲为的董事长，到了总公司的董事会上，可能只是本座的小角色罢了；他回到家里，也可能是一个在太太面前抬不起头来的惧内先生；在娱乐场合，又可能只是一个被孩子欺负而无还手之力的父亲。

假如只看见对手的优点，往往容易高估对手，而产生难以应付的意识，可只要想到对手和我们一样，不过一个人而已，再想象一下他的卑微与毛病，你就不会再胆怯或自卑了。

二、尽可能大声说话，武装自己的心理，制造压倒对方的气势

宏大而响亮的声音，可以给对手有信心的印象，自己也能借此产生坚强的信心，进而获得意想不到的效果。在辩论或争

吵中，有人会不由自主地提高自己的嗓音，以期盖过对手，这就是对"嗓音可以增强信心"的本能利用。

小男孩夜里走过墓地时，愉快而大声地吹口哨，为的也是壮胆，通常他就这样克服了经过墓地的恐惧，因为他"吹起了"自己的勇气。

你的声音就是你天生的武器，只要你表现出勇气十足，你的勇气就来了。表现勇敢则勇气来，往后退缩则恐惧来。

三、用你的眼睛盯视对方的眼手等某一身体部位，给对方以压迫感

比如一对恋人闹矛盾时，为了证明自己观点的正确，当言语已无法奏效时，明智的人就会改用双眼集中于对方的眼睛，让自己的恼怒和要求通过这种注视传导给对方，"此时无声胜有声"。这样可以给对方一种心理上的压迫感，并可避免语言冲突时双方不冷静、易冲动的心理状态。

其实，在任何竞争中，这种"一点突破"的战术是颇为有效的。所谓"一点突破"就是聚集一切力量，朝向对手最弱的部位猛力攻击。比如，在对话中，你的眼睛不妨直视对方身体的某一部位。这样不但不会受到对方制造出来的压迫感的威胁，而且，还能令对方不得不转移注意力于被盯视的那一个部位。换句话说，你的视线不仅可使对方的态度失去平衡，并能分散对方的意识。此外，你也能造成一种迫使对方心慌意乱的局面，借此收到处境转好的效果。

四、相持中，身体要摆好架势，震慑对手

在双方对垒时，人的形体动作也是增强信心的一种武器。俄国大作家屠格涅夫的散文《麻雀》写了这样一件小事：

一只小麻雀从树上掉了下来，飞不动了，猎狗看见了，便跑过去。这时，一只老麻雀从树上飞下来，挡住了小麻雀，并冲着猎狗张开了全身的羽毛，恶狠狠地盯着猎狗，猎狗竟然呆住了。

麻雀其实也是在本能中利用自己的羽毛、动作、眼光这一切天生的武器向猎狗示威，驱除自己的恐惧。

体育比赛中，运动员有时为了增强战胜对手的信心，会有意识地昂首挺胸，做出不畏一切的样子。谈判中，这样这也能产生震慑对手的效果。

五、占据背光位置，可产生威慑效果

站在反光线的位置上，不但可给予对方目眩的物理效果，同时也能产生各种不同的心理影响。在背光位置上站立的形象，正如同摄影一样，让对方无法认清自己的表情。相反的，对方的形象却被阳光照遍，因而暴露了身体的每一部分，仅凭这一点，就会使劲敌惶恐不安了。何况，置光于后的形象，也能与光融合为一体，使对方对自己产生比实物更大的印象，由于这种后光照射的状态，方能使自己在精神上压倒对方。

只要考虑到这种原理，那么，即使自己不站在受光的位置上，也不要站在感受不到光线的阴暗里。为的是在对方似乎更为强大时，利用光线的效果，从心理上战胜对方，确保优越的地位。

震慑可以在赞美中带出

历史上的"杯酒释兵权"，就是典型的先捧后威慑的成功之例。

赵匡胤从后周手中抢过皇位之后，带领手下将士南征北战，基本上统一了中原一带。后又平灭了南唐，江山一统，天下太平，渐渐觉得那些战时曾流血卖命的拜把子兄弟们无用起来。他们不但与自己分享荣华富贵，而且个个手握兵权，若一旦有哪个嫌自己官位不够高造反了，局面就难收拾了。但要向众兄弟下手，又怕天下人气愤。且每位兄弟手下都有一大批亲信，若向众弟兄下手，激起他们手下叛乱，自己的皇位也坐不稳。怎么办呢？想来想去，他想到了酒。以酒掩盖，让众兄弟交出兵权。大家若照办，这事就解决了。若有人发难反对，就用醉酒疯话掩过去。

第二天，他召来手握兵权的把兄弟们，饮酒谈笑，开怀痛饮，直喝到红日西沉，个个眼亮脸红。赵匡胤看差不多了，于是讲起往事，最后叹一口气说："若永远生活在那段日子里多好！白天厮杀，夜晚倒头就睡。哪像现在这样，夜夜睡觉不得安宁。"众兄弟一听,关心地问:"怎么睡不稳?"赵匡胤说:"这不明摆着吗,咱们是兄弟,我这个位子谁也该坐,而又有谁不想坐呢?"大家面面相觑,感到事态严重起来,想到刘邦得天下后逐个杀功臣的历史旧事,一个个胆战心惊,跪在地上说:"不敢。"赵匡胤看预期效果达到,顺势穷追下去,说:"你们虽然不敢,可难保手下人不这么想。一旦刀施加在你们身上,就由不得你们了。"大家一听,明白赵匡胤已在猜忌大家了。吓得在地上叩头不敢起身,求赵匡胤想个办法。赵匡胤说:"人生苦短,大家跟我苦了半辈子,不如多领点钱,回家过个太平日子,那多幸福。"大家忙点头说:"照办。"第二天,旧日的那些功臣们一个个请求告老还乡,交出兵权,领到一批钱,回家过富翁生活去了。

只捧不进行威慑会让对方自觉有恃无恐,答不答应要看他高不高兴,主动权在对方手中;而捧中加威慑,主动权在我们手里,捧字只用作台阶,让对方不失面子。

有位女子其丈夫是海员,长期漂泊在外,孤独和寂寞陪她度日。白天上班还好说,一到晚上便焦躁不安。为了消磨时光,她报考了夜大。第一次上课,发现丈夫中学时的一位同学也坐在教室里。此同学与丈夫相处不错,因此跟她自然亲近起来。没料到这位同学却暗暗打起她的主意来。女子觉察到这位同学的不良动机,于是十分严肃地对他说:"俗话说,'朋友之妻不可欺'。你是我丈夫的朋友,他平时对你那么好,要是我告诉我丈夫，不知他会怎么对你啊？"同学一听，大惊失色："你可……可千万别这样！"一味地迎合捧场往往会被认为是软弱的表现，在适当的时候进行威慑，也会让不知趣的对方有所顾忌。要记得，威慑和捧场并不是孤立分开的两个对立面，捧中有威慑，才是妙计。

👁 借题发挥、虚张声势

虚张声势，是先赢气势，让对方后退一步，以此让自己占有优势。

虚张声势与假痴不癫相反，不是示弱而是示强，如俗语说，是"提虚劲"，或者说是"打肿脸充胖子"，借以威胁、吓唬敌人。示强的目的是要告诉人家"我要来打你啦，你还不走吗？我可是力量非常强大啊！"所以这是一种威慑之计。

此计用在军事上，指的是自己的力量比较小，却可以借友军势力或借某种因素制造假象，使自己的阵营显得强大，也就是说，在战争中要善于借助各种因素来为自己壮大声势。

无人不知张飞是一员猛将，而且还是一个有勇有谋的大将。刘备起兵之初，与曹操交战，多次失利。刘表死后，刘备在荆州，势孤力弱。这时，曹操领兵南下，直达宛城，刘备慌忙率荆州军民退守江陵。由于老百姓跟着导致撤退的人太多，所以撤退的速度非常慢。曹兵追到当阳，与刘备的部队打了一仗，刘备败退，他的妻子和儿子都在乱军中被冲散了。刘备只得狼狈败退，令张飞断后，阻截追兵。

张飞只有二三十个骑兵，怎敌得过曹操的大队人马？那张飞临危不惧，临阵不慌，顿时心生一计。他命令所率的二十名骑兵都到树林子里去，砍下树枝，绑在马后，然后骑马在林中飞跑打转。张飞一人骑着黑马，横着丈二长矛，威风凛凛地站在长坂坡的桥上。

追兵赶到，见张飞独自骑马横矛站在桥中，好生奇怪，又看见桥东树林里尘土飞扬。追击的曹兵马上停止前进，以为树林之中定有伏兵。张飞只带二三十名骑兵，阻止住了追击的曹兵，让刘备和荆州军民顺利撤退，靠的就是这"树上开花"之计。

在日常生活中，虚张声势也不无作用。最典型的如人们常爱讽刺的"名片效应"：官衔职务一大堆、理事会员一大串，这面印了印那面，实在不够再翻篇。说穿了，还不是虚张声势，借以吓人。

希尔顿是世界著名的大饭店，他的创始人希尔顿先生曾是一名军人，曾参加过第一次世界大战。退伍回家的希尔顿在德克萨斯州寻求发财的机会，最后买下了莫布利旅店，从此翻开了希尔顿王国辉煌的第一页。创业之初，资金匮乏，举步维艰。特别是在修建达拉斯希尔顿饭店时，建筑费竟然需要 100 万美元，希尔顿一筹莫展，急得像热锅上的蚂蚁，后来他灵机一动找到了卖地皮给他的房地产商人杜德，告诉他说："如果饭店停工，附近的地价将大大下跌，假如我告诉别人饭店停工是因为位置不好而将另选新址，那你的地皮就卖不了好价钱了。"杜德仔细一想，果然如此，他当然不会让自己陷入这般困境，于是同意帮助希尔顿将他的饭店盖好，然后再由他分期付款买下。希尔顿在进退两难之际，巧妙地运用威慑战术，最终说服了地产商杜德乖乖地接受了他的要求，帮助他建好了饭店。希尔顿此举并未花费太大的代价，只是虚张声势，稍费了些口舌，就"不战而屈人之兵"，如愿地达到了自己的目的。

平常能够运用威慑战术的地方有很多，除了虚张声势外，还可以利用对方做贼心虚的心理，借题发挥，以此来威慑对方，从而达到"不战而屈人之兵"的效果。

南唐时候，当涂县的县令叫王鲁。这个县令贪得无厌，财迷心窍，见钱眼开，只要是有钱、有利可图，他就可以不顾是非曲直，颠倒黑白。在他做当涂县令的任上，干了许多贪赃枉法的坏事。

常言说，"上梁不正下梁歪"。这王鲁属下的那些大小官吏，见上司贪赃枉法，便也一个个明目张胆地干坏事，他们变着法子敲诈勒索、贪污受贿，巧立名目搜刮民财，这样的大小贪官竟占了当涂县官吏的十之八九。因此，当涂县的老百姓真是苦不堪言，一个个从心里恨透了这批狗官，总希望能有个机会好好惩治他们，出出心中怨气。

一次，适逢朝廷派官员下来巡察地方官员情况，当涂县老百姓一看，机会来了。于是大家联名写了状子，控告县衙里的主簿等人营私舞弊、贪污受贿的种种不法行为。

状子首先递送到了县令王鲁手上。王鲁把状子从头到尾只是粗略看了一遍，这一看不打紧，却把这个王鲁县令吓得心惊肉跳，浑身上下直打哆嗦，直冒冷汗。原来，老百姓在状子中所列举的种种犯罪事实，全都和王鲁自己曾经干过的坏事相类似，而且其中还有许多坏事都和自己有牵连。状子虽是告主簿几个人的，但王鲁觉得就跟告自己一样。他越想越感到事态严重，越想越觉得害怕，如果老百姓再继续控告下去，马上就会控告到自己头上了，这样一来，朝廷知道了实情，查清了自己在当涂县的胡作非为，自己岂不是要大祸临头！

王鲁想着想着，惊恐的心怎么也安静不下来，他不由自主地用颤抖的手拿笔在案卷上写下了他此刻内心的真实感受："汝虽打草，吾已惊蛇。"写罢，他手一松，瘫坐在椅子上，笔也掉到地上去了。

第十二章

在与异性交往中掌握主动
—— 两性交往中的心理技巧

👁 利用"异性效应"

柳兰是某公司公关部经理,她人脉很广,出师必胜,为公司做了很大贡献。公司的原料奇缺,材料科的同志四处奔走,连连碰壁,而柳兰一出马,问题便迎刃而解。公司资金周转不灵,急需贷款,急得总经理像热锅上的蚂蚁,而柳兰周旋于银行之间,没多久,就获得贷款上百万元。柳兰因此得到了领导的格外器重。

有人笑说:"女将出马,一个顶俩。"而人们仔细观察就发现,柳兰成功的秘诀,有两方面的原因。首先,她具有清醒的头脑、敏捷的口才、丰富的知识和阅历,接物待人也比较灵活。此外,她的成功其实也和她端庄的容貌、娴雅的仪表有很大的关系。可以说,富有女性魅力的外表为她加分不少。

懂物理学的人都知道,磁极是"同性相斥,异性相吸",其实人与人之间也与之类似,否则"男女搭配,干活不累"就不会广为流传了。在一男一女的社交场合中,男性常常想表现出举止潇洒、气度不凡、才华横溢、谈吐优雅、妙语连珠,这样很容易唤起女性的好感。当然,男性在这种社交场合中,想取悦对方从而得点好处常常不是本意,而是一种潜在的心理意识。所以，当男人与女人交往时，沉默寡言的男性会表现得谈吐自如、滔滔不绝；胆小懦弱的男性会变得勇猛异常；粗俗野蛮的男性会变得儒雅温存。这种异性之间在交往中表现出的超出正常的热情，可以促进事情成功的效应，是异性效应中的正效应。

这种异性正效应，在青年男女身上表现得更为强烈。这是因为青年随着身心发育的成熟，正处于对异性的亲近、爱慕和追求期，常常会不由自主地将注意力移到异性方面。他们在情感上渴望与异性交流，以发现自我、完善自我和理解别人，从而体验到深深的情感依恋，渴望得到异性的肯定以增加自信心。

在男性的潜意识中，愿世上只有自己是男性，世上所有的女性都钟情于自己。所以，当男性听说某位女性，尤其是漂亮的女性有了男朋友或结了婚，常常会莫名其妙地产生一种失落感。在男性的社交中，如对方是一对情侣，那么他对那位女性的热情和帮助将会锐减，他会自觉不自觉地让那位男性难堪。而那位男性在情侣面前要极力维护自己的尊严和在情侣心目中的地位，这时两位男性很容易发生冲突。因此，对于一对情侣或异性朋友来说，在某些社交场合最好分开。

有时在交往中，异性效应不像上面所说的那样直露，甚至会恰恰相反。如：一位男人在择偶中屡受挫折，他可能对女性有种憎恨之情，所以在他与异性交往中便不会产生异性效应的正效应，甚至还会产生负效应。但是，总而言之，交往中异性效应是比较普遍存在的。在日常交往中，如果你想让男人"听话"，不妨利用一下这种"异性效应"。

👁 抓住说话线索，同陌生男人成为朋友

女生天生比较含蓄一些，面对陌生男性，总是犹犹豫豫不敢近前，即使求人办事也会站在一边等对方注意自己，主动和自己搭讪，这对我们自己的发展很不利。其实，跟男人说话不用那么费劲，你把他们当成自己的朋友，很容易就能聊开，慢慢就真成了朋友了。

因此，在社交活动中，你应该主动与人相处，不要害怕开口，不要怕别人笑你。当你走进陌生人住所时，你可凭借自己的观察力，推断主人的兴趣所在，甚至室内某些物品会牵引起一段故事。如果你把它当作一个突破口，不就可以由浅入深地了解主人心灵的某个侧面吗？当你抓到一些线索后，你就不会感到不自然，就不愁找不到开场白。

在你打算和某个陌生男人交往时，不妨将以下建议作为参考：

1.可以先介绍自己，给对方一个接近的线索

并不一定得介绍自己的姓名，因为初次见面，这样做对方可能会感到唐突。切入点很多，从自己的工作单位切入，或从

自己的兴趣爱好切入，需要强调的是，应该先从自己的情况入手，等时机成熟，对方也会相应告诉你他的有关情况。

2. 问一些有关他本人的一般问题

比方说，有关他子女上学或工作情况，也可以问问对方单位一般的业务情况。对方谈了之后，你也应该顺便谈谈自己的相应情况，才能达到交流的目的。需注意切忌跨步过大，问及对方隐私的问题。

3. 和陌生人谈话，要全神贯注

因为你对他不熟，你更应当重视已经得到的任何线索。

他的声调、眼神和回答问题的方式，都可以揣摩一下，以决定下一步是否能向纵深发展。

4. 消除与你不喜欢的人之间的隔阂

应当注意的是，有些人你虽然不喜欢，但必须学会与他们谈话。当然，人都有以自我为中心的习惯，如果你对自己不感兴趣的人不瞥一眼，一句话都不说，恐怕也不是件好事。你可能被人认为是骄傲，甚至有些人会把这种冷落当作侮辱，从而产生隔阂。

和自己不喜欢的人谈话时，第一要有礼貌；第二不要接触双方的隐私，这是为了使双方自然地保持适当的距离，一旦你愿意和他结交，就要一步一步设法缩小这种距离，使双方容易接近。

各个行业都有许多出类拔萃的人，他们的影响是非同小可的，必须利用和他们接触的机会与之建立良好的关系，这对你的前程至关重要。

想让女人动情，千万别提"丑"字

　　将美丽进行到底是每个女人的毕生追求，因此，你如果想让一个女人承认自己"丑"，那是一件非常难的事，她们会用各种努力来使自己变得美丽漂亮。正因为如此，如果你恭维一个女人如何美貌亮丽，即使你是在调侃她，多数女人仍会将其当作是你对她的肯定。

　　反之，如果一个女人被人评论为相貌丑陋，那会比骂她、打她更令其难受。据说，英国的约克公爵夫人弗吉在看到一本杂志中将自己比作一个粗俗的打杂女工时，深感震惊，并为此痛哭不已。由此可见，女人对于自己美丽与否是多么的重视。从某种意义上讲，女人在意自己的美丽就如同在意自己的健康生命一样。

　　由于女人都那么在意"美"，导致生活中许多女人都有怕丑的心理。我们经常看到，在大街上美女可以昂首阔步，因为她们那傲人的身材和那天使般的面容是炫耀的资本；而丑女们则通常把头埋得很低、很低，乃至更低，并且尽量躲避人多的地方。

　　作为一个丑女，都会有很强烈的自卑情绪，有时候她们甚至会因为自己的丑而有一种罪恶感。所以，为了能让自己在众人面前直着腰走路，各大医院的整容科便成了她们经常光顾的地方，为了摆脱丑，她们甘愿让自己的皮肉经受着一次次的刀割、针缝。

专家认为，女人的这种怕丑的心理，是对自我真正价值的错误判断，因为它将女性的价值依附在外表上。但换言之，这也是社会过分强调女人的外表美所致，是男权社会强加给女人的一种价值标准。女人为了适应社会，只能将社会的价值标准内化为自我的价值标准。简单地说，就是这个社会给予丑女的空间非常有限，从择业到嫁人，丑女总要被放在其次待考虑。

另外，女人怕丑心理的产生，还与其幼年的成长经历有关。女孩小时候都不乏家长的赞许，比如"聪明""听话""漂亮"等。随着长大，孩子的自我意识开始萌发，有的女孩会逐渐发现自己得到的鼓励少，而其他女孩得到的表扬多，于是便产生了心理落差。在她们的内心深处，非常想与传统价值标准靠拢，只要条件允许，都想重回被夸赞、被喜爱的角色中去。

还有一些女人其实本身并不丑，却将自身核心价值定位在外表上，从而赋予了外表许多不应承载的东西，如社会地位、身份、个人前途等，因此就格外担心自己的外表，有的还会因此否定自己其他方面，严重的还会导致不愿与人接触，性格会变得孤僻少言。

不过,"丑女"有一点应该明白,虽然个人力量弱于社会力量,我们有时要被迫接受社会传统价值的标准,在此基础上,爱美的女性可以去整容,甚至成为人造美女,但是更重要的是要注意调整自己的心态。你来到这个世间,你就有存在的理由,你就是唯一的。而且美的标准也不是单一的,要善于发现自己身上闪光的地方。

倾听,男人了解女人的必修课

很多男人懂得"言多必失"的道理,因而能够适时保持沉默,但是,大多数男人却又不懂得倾听,从而丧失了深入了解女人的机会。倾听是如此的重要,我们不妨做一下换位思考,如果一个女人能听懂你的每一句话,而且她能告诉你,你所说的真正意思,那么你一定把她当作知音。女人也是这样,如果你想走进她的世界,必须要学会倾听。

在与女人的谈话过程中,你若耐心倾听对方说话,等于告诉她"你说的东西很有价值",或"你值得我结交",等于表示你对对方有兴趣。同时,这也使对方感到她的自尊得到了满足。由此,说者对听者的感情也更进一步了,说者会觉得"他能理解我","他真的成了我的知己"。于是,二人心灵的距离缩短了,只要时机成熟,两个人就可以成为好朋友。

由此可见，适时的倾听对了解女人十分有益。让她先吐为快，既表示了对其尊重，又能借机了解其为人。此外，你低调的言行又会使对方感到你的和善、谦逊。有人认为，言行低调可能会被人轻视或忽略，得不到关注。事实上，低调一些，你会赢得更多的好感、机遇，以及朋友。这样看来，与其自顾自地滔滔不绝，倒不如将说话的机会让给对方。

不过，成功的"听"者并不是被动的。纪伯伦曾经说过："如果你想了解一个人，不要去听他说出的话，而要去听他没有说出的话。"一般说来，女人不会轻易把自己真实的意见、想法表达出来，但她的感情或意见，总会在她的语言里体现得清清楚楚。

如果你想真正地了解一个女人，就不要刨根问底，试图让对方表白自己，要做一个聪明的听者，首先要提高自己的倾听能力。那么，怎样提高倾听的能力？以下提几点建议：

1. 保持耳朵的畅通

在与女性交谈时，尽量谈对方感兴趣的事，并用鼓励性的话语或手势让对方说下去，并不时地在不紧要处说一两句表示赞同的话，对方会认为你在尊重她。

2. 全心全意地聆听

轻敲手指或频频用脚打拍子，这些动作是会伤害女人的自尊心的。眼睛要看着对方的脸，但不要长时间地盯住对方的眼睛，因为这样会使对方产生厌恶的情绪。只要你全神贯注，轻轻松松地坐着，不用对方放大音量也可以一字不差地听进耳朵里。

3. 协助对方把话说下去

这一点很重要，因为女人说了很多话以后，却得不到你的反应，尽管你在认真地听，她也会认为你心不在焉。在对方话语的不紧要处，不妨用一些很短的评语以表示你在认真地倾听，诸如："真的吗？""太好了！""告诉我是怎么回事？""后来呢？"这些话语会使女人兴趣倍增。

4. 把说话的机会奉还给女人

有些男人有一种错觉，以为在与女人交谈时，越表现自己越能得到对方的青睐，事实上，女人的嘴是闲不住的，你说个没完，反而剥夺了她们说话的权利，让她们兴味索然。所以，在你滔滔不绝讲话的时候，注意也要把说话的机会奉还给对方。

5. 不要乱插嘴

在女人讲话的时候，如果你自作聪明，用不相干的话把她们的话头打断，会引起她们极强烈的反感，她们会认为你太大男子主义，对她们不够尊重。

6. 要学会听出言外之意

通常除说话以外，女人的一个眼色，一个表情，一个动作都能在特定的语境中表达明确的意思。并且，就是同一句话也可以听出其弦外之音、言外之意。

7. 用心听，要听全面

欣赏对方的为人，这一点很重要。仔细倾听能帮助你做到这一点，认真听，并且要听全面的而不是听支离破碎的话语，否则你可能会妄加评说，影响沟通。

总之，倾听是表示关怀的行为，是一种无私的举动，它可以让我们离开孤独，进入亲密的人际关系，并建立友谊。一个男人，在与女人交谈中要善于倾听，这样才能及时给对方反馈，使其有一种心照不宣之感，把你当成知己。